U0066113

敏感肌全對策

東方逆齡女王的

玟蓉老師 著

玟蓉小語

「改變想法、改變習慣、改變態度，三項做到就能改變人生，而改變的速度與關鍵在『執行力』。」——玟蓉老師

人只要活著，就有可能因為種種因素，帶來生理與心靈的影響，而造成肌膚的狀況起伏不定。調理敏感肌就像自我修煉一樣，凡事別太敏感與要求完美，保持樂觀正向的態度，不要輕易動氣，都是不可或缺的「正念」。當你把內外調養得宜，自然會看見肌膚健康水嫩。

在此，感謝每個遇見，無緣不聚，若是本書有未盡及紕繆之處，還請大家不吝指教。

【序言】本著初心　真誠分享
我的「敏感肌」專研之路

許多人見到現在的我，常常問我的肌膚為何看起來細緻水嫩，當進一步詢問，知道了我的年紀已經超過半百，對我的肌膚狀況感到非常驚訝，好奇的想知道「妳是如何保養的？為何一點也看不出歲月的痕跡！」，甚至還有學員提到：「妳的年齡已經可以當我媽媽了。」

有些人或許猜測，我是不是動了什麼「醫美小心機」？答案是否定的！因為自幼就是敏感性肌膚的我，就連到美容沙龍店做臉按摩都會紅腫，更無福消受任何侵入性的美容療程，殊不知我花了多少時間、找了多少方法，才克服敏感肌的問題。

敏感肌的困擾　為我的人生開啟另一扇門

遺傳自母親的「敏感性肌膚」為我帶來不少困擾；常常因為環境或不知名的原因，就讓肌膚瞬間起小疹子、發癢、紅腫，嚴重時甚至會產生蕁麻疹。踏入社會之後出席許多重要的場合，卻常因為肌膚臨時產生的敏感反應，而不得不提早離席，造成工作與生活上諸多不便。

最難忘的一次，是三十年前剛投入保養品產業的時候；那是我第一次為法國專業護膚品牌舉行發表會，還記得那是一個華麗、優雅的五星級飯店會議廳，然而，說不上來究竟是什

麼因素——敏感肌的最大困擾，就是你其實無法真正掌握過敏原，它可能來自會場佈置的百合花花粉，也可能是地毯的塵蟎，亦或是壓力……總之，突然之間我的肌膚就過敏了！

短短幾秒之間，從我臉上的一小塊紅豆般、像被蚊子叮咬的紅腫，迅速蔓延到臉、胸口、手臂，突然發作的蕁麻疹，讓我心跳加速，甚至連呼吸都感到困難，不得已，只能不知所措的快速離開精心策畫、期待萬分的法國品牌美容發表會。

猶記，當時拿著麥克風做現場解說時，突如其來的過敏反應比品牌新品更吸引眾人目光，而我臉上所冒出大小不一的塊狀紅腫，更令台下竊竊私語，更不用說我邊講邊抓臉的窘境，實在沒辦法為產品加分。至今，我都對當時的困擾感到記憶猶新。

而從事美容產業的我，為了展現專業儀態，必然常常上妝。這使我的皮膚狀況雪上加霜，曾有一段漫長的時間，「看皮膚科」儼然變成生活中的例行公事；吃藥、抹藥和打針，更是不可或缺的「作業」。

然而，我連續三年馬不停蹄尋求各大醫院的皮膚科門診（大家能想像這種痛苦嗎？），用遍各大百貨專櫃的敏感肌膚專用保養品，卻依舊毫無改善。

記得一次皮膚科看診後，請教醫生何時我的敏感與過敏問題才能痊癒？醫生卻回答我：「台灣環境潮濕，過敏情況會不斷反覆，無法痊癒。」這對我來說無非是嚴重的打擊。

不過，我並沒有放棄自己。在無法根治又求助無門的情況下，我決定把自己歸零，重回學校念「化妝品應用管理」；全力投入研發解決「敏感肌」問題的對策，經過漫長的親身體驗測試，整理出專屬敏感肌膚的保養之道。

真心呈現三十年的敏感肌改善對策

「老師，我真的好困擾……」每次演講結束後，總有幾位學員急著來找我，向我訴說他們在肌膚上的問題，以及找不到適合的保養品改善肌膚的苦惱。這些學員不分男女、不分年紀，在在都讓我想到以前的自己。

平心而論，我比任何人都更明白這種肌膚困擾，也曾經為了找不到適合的保養品而感到無助。除了難以掌握的肌膚狀況，因為過敏發作造成的遲到、早退，甚至被誤解等等……種種社交問題，也讓我煩惱了好長一段時間。

正因為如此，我走過與大家相同的路，所謂「久病成良醫」，所以我想告訴你：「解決肌膚問題、改善敏感肌，真的沒那麼難，重要的是；要有正確的觀念、選對產品，以及做對保養方法。」

因此，我在十五年前成立BIOIN生物科技，為了實現安全、簡單、有效的保養理念，從生醫級膠原蛋白、玻尿酸、EGF、7GF、多胜肽、生長因子、富勒烯、幹細胞到LPS等，從無添加到溯其成分本源的零添加，所有成分都堅持選擇經長期實驗有效、高濃縮、小分子、無酒精、無化學添加物，希望能帶給許多跟我一樣有肌膚困擾的人，能夠安心、有效的呵護敏感肌膚，並且具體的看見改變。

「敏感肌保養」是關照肌膚健康的正確觀念

「敏感肌全對策」在談論的，不單純是「如何解決敏感肌問題」，也代表如何讓肌膚透過正確的保養，回到最好的健康狀態。因此，千萬別把保養看成只是「愛漂亮」的「表面功夫」，該正視「肌膚是人體最大器官」，並為維持它的機能健康做出正確的保養對策！

一轉眼，在這個領域已經三十年了。一路走來，上過許許多多的電視節目、並在校園與社團演講，也參與過許多保養品劑型的創新研發、並取得了三張專業的美容證照；同時，我也在Youtube、Facebook等媒體社群上，得到許多迴響。

於是，我將資料整理起來，透過完成這本書，希望能將我對敏感肌膚保養的種種心得，分享給所有想改善肌膚問題的朋友們。

無論是研發保養品或撰寫保養書，我所不變的是一份初心，希望能分享三十年來敏感肌保養的經驗，幫助有肌膚困惱的朋友們，找回肌膚健康、展現自信之美，期許大家都能擁有更健康美麗的肌膚，享受沒有肌膚困擾的美麗人生。

請跟著玟蓉一起做「正確的」保養，預祝你遇見煥然一新的自己！

玟蓉小語

縱觀這三十年對抗敏感肌的經驗，我常常覺得敏感肌像是一個謎！令人捉摸不定、猜不透，永遠都讓我有「持續學習」的感受。

但是，這其中也並非毫無脈絡可循；或許，你從未思考過，原來敏感肌並不只是特殊體質的問題，更是都市化與環保問題的衍生負面產物！

因此，第一章就讓我們先從全面性認識敏感肌開始！舉凡體質、環境、生活習慣……都是造成我們肌膚問題的可能成因。或許，在第一章之中，你已經可以找到造成自身肌膚不適的答案！

【第一章】身處「高敏感源」時代的「敏感肌」危機

不知你有沒有發現，不知不覺中，我們的肌膚變得越來越敏感，身邊被敏感肌所困的人也增加了！甚至，許多孩童都有著肌膚敏感的問題，而年輕人肌膚困擾也越來越複雜棘手！

這些有很大的因素是來自於「都市化」現象；過去，我們過著貼近土地的天然生活，享受良好的陽光、空氣、水，身體有著來自天然環境建構的自癒系統，接觸的污染與毒素也少，無論皮膚或者整體健康狀況，都在一種與自然共生的最佳循環中。

然而，都市化的社會雖然帶來了舒適與便利，卻帶來更多的壓力、污染、霧霾以及減少我們與自然環境共生的機會。在這樣的情況下，人們的肌膚也走入了一個「高敏感」的狀態，並承擔著人體免疫力下降、自癒力減退的苦果。

因此，過去我們面臨肌膚問題，總會比較容易歸納是個人體質所致，而且具有敏感肌的人數占比不高；但是，在日益增加的氣候變遷與環境污染影響之下，發生敏感肌現象的人數不僅大幅提升，年齡也不斷下修，著實令我們需要更正視外來因素的影響，以及深度的因應對策。

解決問題的第一步，是先認識問題；就讓我們先從「認識敏感肌」開始！

令人困擾的「敏感肌」究竟是什麼？與「肌膚過敏」有何不同？

「敏感肌」（Sensitive skin）通常是指肌膚對外界刺激的耐受性較低，無法抵抗外來刺激與細菌等問題，亦無法保護體內水分，容易因受刺激而過度反應，導致發紅、灼熱、緊繃、刺痛、搔癢等現象。而「過敏」（Allergy）則是指肌膚受到過敏源刺激後，出現一連串肌膚異常反應症狀。

敏感肌可分為二種：

第一，先天性敏感肌：通常表皮薄、微細血管明顯、臉頰容易泛紅，換季時因為皮膚屏障比較薄、脆弱、皮膚溫度較高，容易流失水分。

第二，後天性敏感肌：因長期壓力、不好的飲食習慣、不良的生活作息、環境污染、過度清潔、錯誤的去角質方式、長期使用水楊酸、果酸換膚損傷角質層、使用刺激性的化學成分保養品，或是次數過多的雷射美容療程、術後保養不當等因素所導致。

何謂肌膚過敏？

「過敏」因為皮膚受到某種過敏原的刺激，引起的免疫系統的防禦反應，其過敏原可能是；不新鮮的食物、紫外線、花粉、空氣污染、塵蟎，甚至耳環、指甲油、化妝品、染髮劑、新裝潢等等，當免疫系統無法調適，並引發抗原抗體反應，造成皮膚發炎，產生過敏性皮膚炎症狀。

而過敏性皮膚炎（異位性皮膚炎）是指肌膚「異位性」反應，和免疫系統、遺傳以及環境有關，有的人可能還有氣喘與過敏性鼻炎的問題，是一種因為氣候太乾反覆發作的慢性發炎皮膚疾病。

所產生的過敏反應包括：龜裂、腫脹、發炎、細菌性病變（膿皰）、短暫性紅斑、破皮、流組織液等，並會產生搔癢、刺痛、緊繃、灼熱感等症狀。

我們幾乎可以說，每個人都有「敏感肌」的可能，也有機會基於任何因素，產生皮膚過敏的現象；差別只在於影響的因素與自身的免疫力。

換言之，敏感肌的構成因素不僅因人而異，甚至會因時、因地而有所不同。所以，當我們碰到肌膚敏感現象時，不妨先進行紀錄，一步一步找出可能的原因，這樣才能更具體、有效並且全面的給予正確的解決對策。

有人或許會說：「敏感肌的問題好麻煩啊！」其實，也不需要這樣想。由於皮膚是人體最大的器官，同時也是體內最大排泄器官，以及接觸外界、保護肌肉組織、體液、臟器與骨骼的第一道防線，因此，我們與其抱怨它的不穩定，不如將之視為一個盡忠職守、專業又負責任的「超級保鑣」，當肌膚產生過敏現象時，就是在提醒我們，可能所處的環境、使用的物品，或者飲食與身心的情況，必然有什麼地方不對，應該提高警覺。

敏感或過敏時常見的肌膚症狀

- 皮膚出現搔癢感
- 局部出現紅疹
- 肌膚溫度升高、感到灼熱甚至刺痛
- 局部明顯出現腫脹；常伴隨泛紅
- 局部明顯出現腫脹、脫皮
- 皮膚上長出小疹丘樣貌的突起疙瘩，但並非粉刺
- 表面浮起小水泡；常以片狀或串狀出現
- 局部皮膚潰爛、泛起組織液

敏感肌自我檢測表

如果不確定自己是否有敏感肌問題，不妨透過以下表格進行檢測；圈選自己的狀態並對應計算分數，累積分數越高者，越有敏感肌問題風險！平均30分以上者請格外關注自己的生活習慣，並詳讀本書後面的種種建議與對策！

敏感肌症狀	從未發生	偶爾發生	換季時會發生	常常發生	一直處於現況
容易有刺痛感	1	2	3	4	5
肌膚會出現泛紅現象	1	2	3	4	5

肌膚容易感到緊繃	會有搔癢感	肌膚表面溫度高、有灼熱感	皮膚易乾裂，脫屑、脫皮	會泛起疹子、或暗瘡、水泡	肌膚會有腫脹、複合其他不適感或問題
1	1	1	1	1	1
2	2	2	2	2	2
3	3	3	3	3	3
4	4	4	4	4	4
5	5	5	5	5	5

敏感肌的成因：「自身因素」與「外界刺激」

如果要先做基本的歸納，其實可以從兩個部份來探討：一，當事人的自身因素；二，外來的敏感源或者刺激。

內在因素造成的肌膚過敏成因

◆遺傳

每個人天生的基因有所不同，家族裡有敏感性肌膚現象的人，會因為遺傳體質而比較容易有相同的情況。

◆年齡

人從出生到老化，不同階段的肌膚狀況均有不同。嬰幼兒、青春期以前的皮膚最嬌嫩脆弱，因此格外容易產生

敏感現象；而進入中、老年期之後，由於皮膚已「使用」數十年，自然比較「成熟」因而容易流失膠原蛋白，形成皺紋、乾燥、斑點與肌膚變薄等現象。

荷爾蒙變化

荷爾蒙（hormone；又譯「賀爾蒙」）是促進並改變細胞新陳代謝的激素，人體不同階段的種種變化，都與荷爾蒙有關。尤其是女性，除了青春期初經來潮，每個月都有生理期，而且在懷孕時期又更容易受到影響。這也是為什麼遇到青春期、生理期，或女性懷孕時，原本平滑乖巧的皮膚，常常會突然冒出痘痘或產生其他過敏反應。

壓力／情緒

情緒是影響人體健康的重大因素，因此，有時候當我們處於高度壓力、低落的心情、憤怒或種種不穩定的情緒狀態，肌膚也很容易處於高警覺性隨之受到影響。

◆免疫力下降

如果仔細觀察，會發現有些人在感冒的時候，肌膚也特別容易過敏。這除了是因為不停打噴嚏、擤鼻涕造成的物理性刺激，也因為身體的免疫力較低時，特別難以抵抗過敏原，皮膚容易出現過敏、脫屑、長痘痘、甚至蕁麻疹等問題。

◆飲食

有些人對海鮮過敏，或吃到不潔的食物，除了在腸胃的反應之外，也很容易顯現在皮膚反應上；例如紅腫、搔癢、蕁麻疹等等。

◆體內環保問題

敏感肌其實是體內毒素顯現於肌膚上的反應，因此，如果疏於留意體內環保代謝，也往往會產生敏感肌現象。長時間觀察、詢問有敏感肌問題的人，其中有許多人受到便秘、宿便的困擾，因此不容忽視兩者的相關性。

外在因素造成的肌膚過敏成因

◆紫外線

白天，紫外線的UVA和UVB這兩種穿透性紫外線，不只會曬黑曬傷，甚至造成嚴重的「光毒性」、「光過敏」反應，產生灼傷、疼痛、發熱、紅腫、尋痲疹，有的人更會誘發過敏反應。

◆化學添加物

保養品、彩妝、香水、美髮等產品，存在的用意是讓我們變得更美好，但是，其中的化學添加物卻是常見的過敏元兇。例如：指甲造型使用的揮發性溶劑，或者空氣芳香劑、使用人工香精的各式洗潔劑，其中含有許多化學添加物；像是化學人造香料、酒精、防腐劑等，本書後續會有更詳細說明。

◆不良的衛生習慣

習慣性用手摸、擠粉刺與面皰，或者久久才換洗的枕頭套、床單；數週沒清洗的化妝刷具、衛浴用品等，都可能潛藏黴菌、細菌而無自覺；甚至包括安全帽、口罩，或者清潔不足的頭髮、甚至髒污的手機螢幕等等，也都會造成肌膚過敏。

◆不當的清潔方式

清潔肌膚是每天必做也很重要的事，但長久觀察、傾聽有肌膚問題的人在敘述保養方式時，會發現「不當清潔」是造成肌膚問題最常見的狀況。這包括清潔洗臉、卸妝擦拭力道過強，甚至使用的潔膚小道具：如卸妝棉、面紙、洗臉海綿、洗臉機等等，所有與肌膚產生摩擦性接觸的動作與物品，常常因為施力不當、材質不佳、過度使用，或清潔道具潮濕孳生黴菌，而造成保護肌膚的角質層、皮脂膜被嚴重破壞。

環境汙染

在我們日常生活中，其實有很多肉眼不一定看得見的汙染，也會造成肌膚過敏，尤其與「氣味」有關；像是有的室內裝潢中含有甲醛、高爾夫球場與公園的除草劑的噴灑、菸害、廚房油煙、灰塵、塵蟎、寵物毛髮皮屑等等，都是潛在且容易被忽略的過敏原。

◆地球暖化

暖化現象起因於汽機車與工業汙染排放有害氣體，造成溫室效應氣體及臭氧層破裂，尤其是二氧化碳的過度排放，當肌膚大量接觸二氧化碳，會讓肌膚含氧量降低，造成肌膚暗沉、敏感並加速老化。而且，當氣候日漸暖化，氣溫每升高一度，皮脂分泌也隨之增加，往往造成毛孔粗大、皮脂腺阻塞、長痘痘、粉刺等肌膚問題。另外，由於都市化讓我們缺乏與自然接觸，也讓自身應有的「天然免疫力」大量減少，因此當地球產生暖化異變、氣候異常、環境汙染，也會讓我們的肌膚無力抵抗而造成敏感問題。

◆自然環境與氣候影響

雖然我們常說要「擁抱大自然」讓身心回歸天然、感受平靜。然而，這不代表自然界就完全無害，例如，在氣候上因為地處環境不同，所產生的燥熱、潮濕，或是乾冷、大風、雨水……以及沙灘的砂礫或是海水、溫泉的硫磺氣、森林裡的瘴氣、肉眼看不見的微生物與細小昆蟲等等，其實也很容易造成肌膚過敏，卻不常被注意。

驚人的 PM2.5 對敏感性肌膚危害更大

「霾（Smog）」或「PM2.5」，是懸浮在大氣中的複合物質，PM2.5 的 PM（particulate matter）就是空氣中的細懸浮微粒，其形態可分為固態、液態或氣態；就一般而言，粒徑小於 10 微米（μm）的粒子稱之為 PM10，而粒徑小於 2.5 微米（μm）。

其中包括空氣中的灰塵、硫酸、硝酸、有機碳氫化合物等，會使大氣混濁；形成原因包括汽車排放的廢氣、工業排放、道路或建築施工揚塵、工業粉塵等等，由於體積更小，PM2.5具有強大的穿透力，容易吸附重金屬、微生物等有害物質，無法被鼻子的纖毛及咽喉之黏液過濾，因而直接進入人體上下呼吸道、肺葉、肺泡中，隨著血液流往全身，造成多種健康危害，不容小覷。

這幾年因為環境變化，台灣出現「霾害」的情況日益嚴重，造成許多人產生異位性皮膚炎，對敏感性肌膚更是一大危害。甚至本來不常發生肌膚過敏問題的人，也紛紛發現狀況變多，那是因為PM2.5氧化角質層中的脂質與蛋白質，影響肌膚抗氧化能力，危害肌膚角化過程、增加肌膚角質層的傷害，阻礙肌膚正常排毒而造成皮脂膜功能受損，因此皮膚的屏障功能隨之下降，自然問題多多。

其實，這都是肌膚在發出「SOS」的警訊，告訴我們要留意有害物質！正因為PM2.5粒子小過人體的肌膚毛孔，除了呼吸會吸入PM2.5，皮膚也容易因為接觸其中汙染物的刺激而造成不適、甚至敏感。因此，呼籲大家要格外留意PM2.5的殺傷力，我們可以推測今日許多新增加的肌膚敏感問題，可能與PM2.5的危害有關，大家千萬不能掉以輕心，務必注意提升肌膚防禦力與自身的免疫系統，做好自我防護措施。

備註／專業資訊來源

- 肌膚部分資訊摘要與定義，參考維基百科：
https://goo.gl/MEzGaX
- PM2.5 說明參考：高雄市政府環境保護局 空氣汙染防制網站
http://air.ksepb.gov.tw/Article/Detail/3

玟蓉小語

從前面的說明你或許已經發現了，不是只有像我一樣基於遺傳與體質前提，才會有敏感肌的風險。其實，人人都有可能在種種因素變化與健康起伏之下，有短暫或長久的敏感性肌膚問題。

接下來，我們從「人的差異」出發，並且探討如何從東方醫療「治本勝於治標」的立場，了解更多關於肌膚問題的自我辨別與解決對策。

敏感性肌膚成因的「不確定性」，或許曾經讓你感到分外棘手，但是，我相信在一系列的說明之下，你一定也能為自己的肌膚健康找到一絲曙光！

【第二章】回歸治標需治本的東方保養之道

保養，為什麼要從「東方思維」來切入呢？因為，我們身處於「東方」，這是個蘊含了數千年文化，充滿智慧、重視因果關係的深度調理。而肌膚保養也應隨著氣候、生活環境、飲食習慣的不同，保養成分與方式也應該有所不同。

在「東方古法」的肌膚保養，非常注重從體質根本的「調理」；當一個人的氣、血、水平衡，身體狀況就會良好，自然而然肌膚就會健康。中醫文化專家曲黎敏老師在《黃帝內經：

從頭到腳説健康》書中，也以女性產後臉上常見的「蝴蝶斑」舉例，表示斑點不是皮膚表面的問題，而是屬於「小腸病」，當腸胃吸收代謝不好時，毒素堆積就會形成臉上的斑點，曲老師直言：「化解斑點要先調理腸胃，蝴蝶斑如果不從腸胃治療，光靠雷射美容是沒用的。」因此，許多東方古法的肌膚保養，都是透過內服兼外用，而所選的漢方藥材不單具有「美容」功效，多半同時具有調理體質功能。

像是補氣養顏的「人蔘」；除濕美白的「薏仁」；自古以來用以治濕疹、暗瘡、具有美白功效的「虎耳草」；有東方美容聖品美譽的「當歸」，在《金匱要略》就有記載：「當歸芍藥散，治婦人腹中諸疼痛，能補益脾血，使人肌膚華澤，生新兼能化瘀。」；以及能夠提昇免疫力、抗衰老的「明日葉」，其原產地為日本八丈島，相傳是秦始皇派徐福等一批人尋找的

「長生不老藥」等等，皆是漢方美容保養的熱門素材。東方肌膚保養與養生之道，著重在「治本」；從提昇免疫力著手，身體健康，肌膚問題自然迎刃而解。

然而，現在日常生活中，環境、氣溫與生活習慣逐漸產生變化，許多人超過一半以上的時間待在空調場所，就算是冬天，也有很多商務空間或交通工具開著空調，長時間待在冷氣房中，導致汗腺關閉而影響了肌膚代謝與分泌，容易出現免疫力下降、頭暈、疲倦，造成肌膚缺水、脫屑，引發肌膚搔癢與起疹子。

以前的陽光紫外線也沒有像現在這麼具有殺傷力，隨著臭氧層破洞越來越嚴重，我們除了要注重環保問題，也得格外小心紫外線與皮膚接觸造成的傷害，可能遠比過去的幾年更嚴重。一旦提到環境汙染，更不用說在城市中交通廢氣、PM2.5

等等種種汙染，這些都會刺激皮膚產生過敏，這無疑是讓敏感性肌膚雪上加霜，使得問題更加棘手。

啟動肌膚抗敏免疫力的新星：LPS

前面我們提到，東方對於肌膚保養的理念，是從「內在調理」著手，當體質強健、循環代謝良好，自然人的氣色也好，肌膚也會顯得潤澤透亮。老祖先的智慧轉換到現在，其實是一樣的概念，我們應從「免疫力」的角度進行探討。

肌膚的免疫力之所以重要，是因為皮膚是我們對於外來刺激的第一道屏障，也是接受外來刺激最直接的器官；隨著年齡增長、壓力、紫外線等等的因素會導致免疫力降低、而使皮膚的防禦機能減弱、進而引起各式各樣的肌膚問題。

當我們人體天然的免疫系統良好時，不但不容易受到感染生病，就算受傷或生病也能快速康復，並擁有健康、不易疲勞的身體，以及光滑充滿彈性的肌膚，也比較不容易產生過敏性皮膚炎。因此維持肌膚恆定性的免疫力是非常必要的，肌膚問題和免疫力有很密切的關係。

免疫系統是什麼？是源自身體的避免疾病機能；有分為「天然免疫」和「獲得性免疫」兩種。

「天然免疫」：人體的原始防衛系統，巨噬細胞、中性粒細胞等，會吞噬病原體和癌細胞，促進身體健康機能。

「獲得性免疫」：經過進化後產生的防禦系統，細胞或記憶入侵過體內的細菌與病毒，當相同的病原體再次出現時，可以快速的合成適當的抗體應變。常見的「疫苗」就是屬於這種機制。

擁有免疫細胞維他命之稱的「LPS」，能維持肌膚的免疫力；全名是Lipopolysaccharide中譯「脂多醣」，INCI名稱為：PANTOEA VAGANS / APPLE JUICE / PRUNUS MUME FRUIT FERMENT EXTRACT FILTRATE，源自於和植物及水果共生的泛菌中，能有效地活化天然免疫系統的分子，分子內帶有可以調和皮質的脂質，可以滲透至肌膚表皮的角質層，使真皮層的巨噬細胞活性化、促進真皮層內的纖維母細胞增生以及提高玻尿酸的合成。

由於年齡增長、乾燥或紫外線傷害等等的緣故會讓纖維母細胞的作用減弱、成為引起肌膚乾燥、皺紋、鬆弛等原因。通過活化纖維母細胞、可以打造出年輕水嫩的素顏肌。促進肌膚保有水潤感、恢復健康、透亮，蓬潤有彈性。

都市化讓強化抵抗力的共生菌驟減

從前，經由呼吸和食物中攝取LPS的機會很多，因為農村不容易過敏，這讓免疫力時常保有良好的狀態。由於都市化的緣故，存有LPS共生菌的存在驟減，花粉症、異位性皮膚炎的孩子有增加的傾向。

有趣的是，有時解決文明問題，得由回歸自然界尋找解答，最後在使用自然農法栽種的蘋果中找到。不過，可別小看這個蘋果，因為不是所有的蘋果都有這樣天然、活化的成分，只有使用自然農法的日本純天然栽培蘋果第一人——木村秋則先生所種出來的「奇蹟的蘋果」，才有豐富的LPS。

日本專家研究發現，或許是因為被暱稱「木村爺爺」的木村秋則先生所採取的自然共生農法，不用農藥、不施肥的蘋果香甜可口，一顆可以保存兩年，切開也不會腐爛，因此，蘋果樹找回了原本屬於大自然的抵抗力，自然結實的蘋果也充滿了全天然的健康與免疫成分。

現在，取材自木村爺爺奇蹟蘋果的ＬＰＳ也成為敏感肌保養品中的超級新星，因實驗發現，ＬＰＳ確實有緩和異位性皮膚炎的效果。讓我們在關照肌膚上，多了一個更天然更好的新選擇。

保養莫忘東西方膚質差異

在時尚、保養的專業領域，不可否認西方在發展上是比我們更先進。因此，以往很多人認為歐美大品牌才是最好的保養品。這段歷程，我也親身走過；然而，對於擁有高度敏感肌的

我來說，許多標榜天然、適用敏感肌膚的歐美產品，仍然沒有解決我的困擾。後來，認真歸納、研究才發現，或許問題就出在「膚質」上。

東、西方人的氣候環境、基因、生活飲食有所不同；因此，在膚質狀況的差異也大不相同。最基本可以從「荷爾蒙發展」談起。相較於東方人，西方人的「性成熟」年齡較早，因此，西方人年過二十五歲之後就容易有明顯的老化問題，像是皺紋、斑點都很容易顯現，但是東方人往往要到三十五歲以後，才容易在肌齡上有明顯的變化。

這也是為什麼許多東方女性到歐美旅遊時，常常獲得「你好年輕」的讚美！除了視覺年齡上的差異，東、西方人的肌膚差異也可從以下表格進行參考認識：

東、西方人肌膚特性比一比

肌膚狀態與問題	膚色	日曬反應
東方人	黑色素較多，偏黃	較為耐曬不易受傷，但曬黑之後容易色素沉澱。
西方人	黑色素少，偏白	喜歡曬太陽，但皮膚較薄，容易曬傷；曬後乾燥老化反應也更明顯。

皮膚質地	毛孔與保濕度	所處環境	適用的產品類型
細緻、膠原蛋白層較厚；較有彈性。	多為外油內乾性膚質，毛孔較小；保濕度適中	濕潤、溫暖的亞熱帶氣候	以清潔與保濕為主
粗糙、但皮膚較薄，容易看到毛細孔與皮下血管。	偏乾燥性膚質，毛孔較大；保濕度較差	乾燥、溫度落差較大的大陸或高原型氣候	以滋養與抗老化為主

雖然先天的優勢會讓身為東方人的我們更容易顯得年輕。但是，不容否認老化問題較為嚴重的歐美社會，確實在保養科技研發上，比我們更有積極性與企圖心。想當然，這跟市場需求有關係；且從由以上的對比表格我們可以知道，西方人在先天的皮膚結構與氣候環境上，就容易造成保濕不足、乾燥、脫屑、皺紋等問題。

因此，針對西方人適用的肌膚保養品上自然比較注重「滋潤性」；而且西方肌膚的毛孔大小跟吸收速度，也與東方人有所不同，一罐配方完全未經修改的保養品擦在東方人的肌膚上，會顯得過度油膩、難以吸收，不僅容易造成毛孔堵塞，甚至會因為營養過剩而長出小肉芽。

這時候「敏感肌」的現象往往就隨之報到了！

因此，國際品牌在亞洲等不同氣候地區進行品牌設立時，會調整產品線內容與配方。因為百分之百「原裝進口」的產品，套用在我們東方人的肌膚上，並不合用。

這提醒了我們，別錯誤的對「廣告」產品抱持迷思，一旦不適合自己的肌膚，再高價、再頂級的商品其實都沒有意義。擦錯保養品往往會製造更多肌膚問題，建議在選購保養品時要先測試，可以將產品試擦在耳後、手腕內側，經過半小時後，確認無過敏反應後再進行選購。

呼籲所有關注自己肌膚健康的朋友，別忘了回歸我們身為東方人的本質，從正確的觀念、適合的產品以及方法，真正的做到「對」的保養，調整回健康的肌膚狀態。

萬物歸源，返樸歸真。

攝影／玟蓉

玫蓉小語

「敏感肌」泛指肌膚的異常反應，但是，越深入了解敏感肌，你會發現原來包括痘痘肌、粗糙皺紋、暗沉斑點……種種討人厭的肌膚毛病，大多數與敏感肌息息相關！

因此，我們接下來為讀者針對常見肌膚困擾，再做更深入的整合說明。或許，下次你發生問題時，就會知道不能只從表面上進行「治療」或「排除」更要從「是否有過敏因素」的立場進行思考！

誠如我們前面所提醒的：治本比治標來得重要多了！給自己深入認識肌膚、善待肌膚的機會，它也一定會給你最好的回饋！

【第三章】攸關「敏感肌」的五大肌膚問題

所謂的「敏感肌」包括刻板印象中皮膚表皮較薄、容易泛紅、起疹子，對於接觸物的反應較為激烈、容易排斥的「敏感型肌膚」；也包括貌似正常的肌膚，但在特定條件底下所衍伸的「敏感性問題」。

另外，許多你我所熟悉的肌膚問題，其實也都存在著與「敏感」雙向影響的關係。為了避免治標不治本、頭痛醫頭腳痛醫腳的方式，因此，我們要先來探討，有哪些是與敏感肌互為因果，常見的肌膚問題與形成的原因。

敏感肌常見的問題之一：乾燥缺水

肌膚是人體的外衣，這個外衣之下又分成表皮、真皮和皮下組織這三個部分，當表皮的角質層和皮脂膜失去保護以後，肌膚的水分就會開始流失，自然而然就會變成是缺水肌膚，造成乾燥。

乾燥的肌膚很容易引起的就是泛紅、脫屑的敏感反應；另外，也容易因為角質層堆積較厚，形成「閉鎖型粉刺」；一旦過度滋養、髒污堆積，就很容易從粉刺變成又腫又痛的痘痘。

此外，乾燥的肌膚也格外容易產生細紋皺紋，很容易讓人顯得氣色不好、凸顯老態。至於為什麼造成肌膚乾燥、缺水的

問題？這其中包括五大可能性：

♦年齡增長

隨著年紀漸長造成體內雌激素降低，皮脂的分泌就隨著減少，連帶肌膚保水能力也就越來越下降，所以當角質層的天然保濕因子數量慢慢變少流失後，肌膚狀態就會越來越乾燥。

♦生活作息不良

現代人工作壓力過大，常有熬夜、睡眠不足、過勞的問題；或是過度減肥節食、造成體內代謝出問題，免疫系統下降失去平衡，肌膚也會隨之失去活力，出現乾燥的膚況。

◆飲食不當、飲水不足

飲食中經常攝取高鈉含量，容易讓肌膚缺水；例如：用餐時喜歡沾醬，喜歡吃滷味、麻辣燙、茶葉蛋、火鍋等，以及喜歡吃高鈉食品；例如：洋芋片、海苔、醬菜類的罐頭食品等，還有愛吃油炸物與辛辣食物的人，體內容易「上火」，上火的外在表現就是容易出現乾燥、暗瘡；如果本身肌膚就有問題，辛辣的過度刺激會使情況更嚴重。

另外，水分是人體循環代謝的重要元素，飲水不足時身體內的老廢囤積難以正常排出，也會形成肌膚問題。說到「補充水分」，許多人會誤會「有喝」就算數；殊不知，當我們喝下含糖或含茶、咖啡因的飲料時，真正能讓器官運用吸收的水分往往並不足，相反的，身體運作會花更多能量進行分解、代謝這些成分，建議飲用茶、咖啡之後要喝等量的白開水，加速代謝。

因此，最健康、單純的補充水分，就是飲用白開水。不管是否搭配了蔬果汁、三餐湯品、或其他飲料，每天還是要飲用八大杯白開水。

◆氣溫環境驟變

氣候的起伏變化太大，容易導致皮脂腺和汗腺分泌異常，肌膚水分容易流失變得乾燥、抵抗力也減弱，形成過敏肌。因此，你會發現換季的時候、旅行到氣溫與出發地有落差的國家，以及進出冷暖空調空間過於頻繁時，肌膚特別明顯有脫屑、發癢的過敏現象。

●錯誤的保養與清潔

過度清潔會破壞天然皮脂膜，讓肌膚油脂失衡而乾燥。另外，使用一層又一層的保養品，過多的成分也會造成負擔，變成刺激皮膚造成傷害。

敏感肌常見的現象二：惱人的斑點

對女人來說，臉上的斑點就像男性的禿頭一樣，令人想急於改善與遮飾，但是許多外來的刺激，卻都可能引發黑色素細胞分泌黑色素，最常見的就是陽光中的紫外線，穿透皮膚到達真皮層，引發黑色素細胞自我保護機制，分泌黑色素來阻擋紫外線對肌膚的傷害；據皮膚科專業資訊顯示，紫外線、荷爾蒙變化、遺傳基因、情緒、壓力、光毒性產品、抗癲癇藥物、甲狀腺功能等，都可能造成斑斑點點；具體成因卻因人而異，這是一種色素沉澱造成的皮膚問題。

另外，長期的黑斑問題多少受到體內代謝影響，除了「治標」，也要從生活之本進行調整。現代人生活作息往往不正常，能在十一點之前入睡的人越來越少，殊不知熬夜會讓肝臟無法好好排毒代謝，也是導致黑斑形成的重要原因！

另外，請小心勿使用含汞類的保養品、化妝品，毒素的累積與體內沉澱，也常常反映在肌膚顏色與斑點上。肌膚出現問題，請不要隨便買藥吃或塗抹去斑霜，因為許多產品含有維他命A酸成分，雖然可以促進膠原和彈性纖維增生，讓肌膚看起來更有彈性和柔嫩度，對於表皮細胞的生長和調節效果也好。但A酸產品是一個「光過敏性」的產品，在擦完之後若沒有做好防曬，或是沒按照說明指示使用，會產生紅腫、脫皮的現象，讓色素更沉澱、黑斑更惡化。

自我檢查，斑點生成的可能性

Q1：防曬工作有做紮實嗎？

因為肌膚有先天的保護機制，當為了隔絕紫外線就會製造麥拉寧色素，這也正是形成黑斑的最大原因。年輕肌膚的新陳代謝較快較旺盛，麥拉寧色素被製造出來後，也會隨著表皮剝落時被代謝掉了；但若年紀已經位於身體代謝比較差的階段，或是當時在紫外線下曝曬太久造成過大傷害，那麼麥拉寧色素就無法完全排出，沉澱下來後就成了惱人的黑斑；因此，防曬工作是「預防勝於治療」。

Q2：內分泌問題？

有一說因為生理期前兩星期的「黃體期」，會有大量的黃體素分泌，麥拉寧色素也會在同時間產生活動，這其實是荷爾蒙的作用引起的。因此，黃體素大量分泌的「黃體期間」，要盡量避免在烈日下毫無防曬的工作和曝曬，要盡量多吃富含維他命C多的蔬菜水果，保持體內正常代謝老廢物質的循環。

Q3：新陳代謝與自律神經正常嗎？

現代人的壓力過大，很容易傷害身體的新陳代謝，一旦身體的自律神經開始失調，血液循環會變得不順暢，麥拉寧色素便難以順利代謝，黑斑自然容易產生，甚至因為長期壓力籠罩和睡眠品質差、睡眠不足，更容易讓黑色素沉澱形成斑斑點點。

Q4：是否「抗斑」過了頭？

黑斑雖然令人討厭，但是，使用激烈快速的方式去除有可能適得其反，像是雷射除斑反黑的新聞時有所聞，不但花了冤枉錢更傷害了肌膚。這些快速破壞的美容方式，不僅對除斑未必有效，反而可能讓肌膚更加敏感，術後復原更是一大考驗。

Q5：美白成分選對了嗎？

要注意避免使用含有「對苯二酚（氫醌 hydroquinone, HQ）」的美白產品，因為 Hydroquinone 對陽光非常敏感，具刺激性，容易造成膚色不均勻和過敏發炎等症狀，其效果雖然顯著，但沒有必要為了美白而冒過敏的風險。

常有人問我，使用果酸和水楊酸來美白換膚是否可行，這兩個成分是通過快速讓角質細胞脫落來美白，它們只能去除表皮層的黑色素，對深層的黑色素沉澱效果不彰，刺激肌膚又無法深層美白，再說肌膚已經是脆弱敏感了，怎麼還要刺激它呢？尤其水楊酸，孕婦必須慎用。

建議使用穩定性高的傳明酸，或是使用能同時對抗自由基、抗氧化、淡斑美白、抗發炎的「富勒烯 Fullerence C60」，這是我非常推薦使用的美白成分，能帶給肌膚更全面且安全的美白效果。

敏感肌常見的現象三：毛孔粗大

現代修圖軟體當道，只要輕輕動一下手指，每一個人在畫面上的肌膚都能水嫩透亮又光滑。然而，現實生活中想要細緻、零毛孔的肌膚，可就沒這麼容易了。毛孔粗大的肌膚，常常也伴隨著敏感反應；綜觀粗大毛孔的肌膚，常見以下四種類型：

◆類型1：缺水型

此類的代表就是毛孔粗大的部位常見在鼻頭的兩側，生成的原因大多是與乾性皮膚有關，肌膚缺水且皮脂分泌較少，肌膚自然容易乾燥和長皺紋。當肌膚的真皮層缺乏水分，乾性肌膚的表皮細胞就會開始萎縮，因而格外清楚凸顯出毛孔、細紋等肌膚狀況；會產生與乾燥肌膚相近的敏感反應，包括泛紅、脫屑、刺痛。

◆類型2：油脂型

T字部位、額頭經常泛出油光，尤其在青少年時期的皮脂

分泌更旺盛，當油脂分泌失衡，就會造成毛孔粗大的結果。當然還有飲食喜歡辛辣油炸，也會容易讓肌膚出油，而帶動皮脂分泌及排汗，久了就會毛孔粗大；這時就容易產生面皰、暗瘡的反應。

◆類型3：角質型

「去角質」對於皮膚偏薄的敏感肌來說雖然要小心至上，然而，過度堆積角質時，往往會造成肌膚的新陳代謝變慢，肌膚變厚、變粗糙，無法順利吸收好的保養精華和水分，毛孔自然也變得粗大；甚至伴隨黑頭粉刺、閉鎖型粉刺的反應。

◆類型4：老化型

隨著年紀增長，身體的代謝變差也影響肌膚的血液循環，當代謝和血液循環變差，毛孔周圍的膠原蛋白彈力組織會跟著萎縮、失去了彈性。這個時候若沒有適當修護肌膚，肌膚就會加速老化毛孔因而擴張。

敏感肌常見的現象四：痘痘肌

青少年常因為青春痘造成困惱，成人也會因為痘痘問題，困惑到底是身體哪裡出了狀況？「痘痘」又稱為「毛囊炎」。依照生成類別不同，雖然名詞上常常混用、在肌膚反應上也可能同時出現，然而大致上仍可分為以下三種：

- 「粉刺」－被塞住的毛囊，但沒有發炎症狀。而粉刺當中，有開口的是黑頭粉刺，沒有開口的是白頭粉刺；也就是前面毛孔粗大段落所提到，一旦毛孔被阻塞之後會

產生的情況。

◆「面皰」——毛囊阻塞的程度較粉刺嚴重，嚴重的話會引起發炎。堆積的分泌物常常形成白色突起結粒，並可以具體用肉眼判斷，較具有「痘」的形狀，常常伴隨油水不平衡的肌膚現象。

◆「暗瘡」——毛囊阻塞的程度與面皰差不多，但是比較無法肉眼看見白色的突起點，而是整個肌膚區塊浮腫、凹凸不平，感覺下面暗藏許多膿包，但是較為深層難以清除。

痘痘會因為皮脂分泌過度旺盛造成，當然跟內分泌也是有關；另外就是接觸性的過敏反應，以及毛孔堆積的問題。甚至，在情緒緊繃、壓力太大、熬夜失眠、飲食失調的情況下，痘痘更容易大幅度的增長。

因此，我們幾乎可以說，如果你的痘痘問題一直沒有得到解決，試著從檢視過敏原或許能更事半功倍的解決痘痘問題。抗痘的基本功要做到「基本清潔、保持毛孔通暢、減少油脂分泌不平衡」，大部分的痘痘肌屬於油性肌膚，然而過度控油、卻不做好補水保濕的，反而會分泌更多油脂。

另外，很多人認為防曬產品油膩厚重，所以反而在長痘痘的時候，都不敢擦。但是，完全沒有防曬之下，紫外線的傷害會讓痘痘惡化、痘疤色素也加重沉澱。所以，請選擇無香料、色素、酒精的物理性防曬用品，並且務必要注意防曬用品的防滲入，避免選用化學性防曬用品，以免化學成分滲入毛孔造成身體與肌膚更多傷害。

用藥過敏也可能形成痘痘

具專業指出，藥物也可能造成貌似青春痘的皮疹，而非真正的痘痘、暗瘡；其中會造成影響的藥用成分包括：

- 類固醇（皮質類固醇，corticosteroids）
- 荷爾蒙（激素）藥物（如睪固酮/睪酮素/睪甾醇testosterone、炔羥雄烯唑danazol、同化類固醇anabolic steroids）
- 免疫抑制劑（如cyclosporine與azathioprine）
- 抗癲癇藥物
- 抗精神病藥物

- 抗憂鬱藥物
- 抗結核藥物
- 心血管藥物（硫酸奎尼丁 quinidine）
- 部分細胞激素抑制劑，如腫瘤壞死因子抑制劑 TNF-α inhibitors（tumor necrosis factor-alpha inhibitors）
- 抗癌之標靶治療藥物（表皮細胞生長因子受體拮抗劑 EGFR antagonists）

資訊出處：http://www.skin168.net/2013/09/acne.html

皮膚科王修含醫師整理分享

敏感肌常見的現象五：脱屑、泛紅、起疹子

脱屑、紅疹問題有時不單純是過敏，有可能是皮膚疾病使然。當皮膚處於正常代謝時，表層不斷角化和更新則多多少少會有皮屑產生，但是，通常十分微量不易覺察。如果有明顯的剝落，甚至伴隨傷口、紅腫、疹丘，就是明顯的病理性問題。

例如「玫瑰斑」（俗稱酒糟），是一種與皮膚微血管相關的慢性發炎，患者會出現泛紅、乾癢、微血管擴張，以及疹狀突起。此外，異位性皮膚炎、脂漏性皮膚炎、接觸性皮膚炎等等，也是常伴隨敏感性肌膚的病理現象。

對抗病理性問題，建議優先求診於治療，並且搭配規律生活與健康飲食，有可能是「病從口入」，請盡量吃新鮮、天然的食材，調味以清淡為主；避免帶殼海鮮或辛辣、具刺激性、

含防腐劑、味精、色素的食物。從提昇自然的免疫力抵抗發炎，而不要只想著遮瑕、遮痘，以免造成病症惡化。

關照敏感肌常犯的錯誤

錯誤一：在換季或是肌膚過敏時使用新產品

當肌膚產生狀況，解決問題不能只追求表面。但是，有些人還是會在發現自己長痘痘、出現過敏現象時，沒有先找出原因與對症處理，就貿然購買新的保養品，反而造成更嚴重的惡性循環。這時，其實不如嘗試我們在本書後面所提出的「肌斷食」概念，或許幾天不擦保養品，都比貿然嘗試新的產品，能對皮膚帶來更多幫助。

錯誤二：過度去角質

角質是肌膚的第一層屏障，堆積過厚卻會造成毛孔堵塞、皮膚粗糙、暗沉。但是，過度頻繁去角質會使皮膚紅腫、發癢、易於感染。

因此，建議敏感性肌膚一個月做一次去角質，若是選擇凝膠類去角質產品，要看清楚成分標示是否含有化學成分與酒精，避免在化學作用下搓揉產生屑屑，對肌膚產生過度刺激還誤以為是角質代謝的錯覺。

選擇沒有刺激性溶於水的天然磨砂成分，例如：細砂糖＋椰子油，這是我的去角質秘方，敏感肌膚很適合，但是切記，就算再天然溫和也要輕輕搓揉，先從T字帶（額頭、鼻翼、下巴）開始再到臉頰，甚至有些敏感乾燥的肌膚，只去除T字帶即可。

而在肌膚已經產生敏感現象時，請勿再使用去角質產品，直到狀況解除，穩定後再進行。角質存在於表皮層，粉刺是皮脂腺出油所造成，這兩者不能以一論之，因此去角質並不是根除粉刺的方法。

錯誤三：沉迷天天敷面膜保濕

影視明星曾在電視上分享個人偏方，引起討論與跟風，然而，「敷面膜睡覺」其實會讓肌膚本來保有的水分，隨著入睡過程中的水分蒸發，一併被帶走，反而讓肌膚更乾燥。

另外，「天天敷面膜」其成分中往往除了應有的水分與保養精華，也同時有防腐劑、人工香精等化學成分，甚至有的布膜含有螢光劑，不建議太頻繁使用。至於面膜的

正確使用方法，是在洗完澡後肌膚自然保有水分時敷上，大約十五至二十分鐘即可，使用後輕拍吸收，並且視情況補充後續的保養品，才能落實保濕效果。其實保濕，最重要的就是能夠有效的將水分留在肌膚中，有效的肌膚保濕，要看角質層中原有的保護屏障功能是否能有效發揮才是關鍵。

生活中的每一件事，都可以用四個字總結：「會過去的。」
攝影／玟蓉

玟蓉小語

對於許多男性朋友而言，肌膚保養並不在生活例行公事中，隨手以清水洗臉，或是不管肌膚性質就隨意選用洗面乳，也常見洗臉時狂野豪邁的用力亂搓，還自以為這樣才能「洗乾淨」！

然而，男性的種種肌膚問題，絕大多數是從錯誤的清潔開始！近年來的「韓風歐巴文化」，讓許多男性越來越有「面子自覺」，甚至，在我去校園演講、分享時，舉手提出困擾跟需求的學員，男生有超越女生的趨勢！

有鑑於此，於是在本書中特闢一個專屬篇章，與男性朋友們聊聊「型男」之於肌膚保養，最簡單又必須了解的事！

【第四章】男性的「面子」對策

許多人對「敏感肌」的刻板印象，就是聯想到女性嬌弱、纖細的肌膚，然而，敏感肌是不分性別的，其實許多男性存在的「面子問題」，如同前文所提，今日的社會環境雖然擁有高度的科技發展，但是，同樣的也犧牲了許多自然資源，造成種種型態的汙染。

因此，調理肌膚、對抗敏感問題，已經不是女生的專屬責任，男性也應該要加以重視！在解決問題之前，要先從「了解問題」開始。女性跟男性先天生理結構有所不同，自然在皮膚的反應與問題上也略有差異，首先，我們先來談談男性皮膚的三大主要特質：

♦天生角質層生成比較厚

當角質層較厚的時候，皮膚相對的也會比較粗糙，一旦缺水乾糙就更容易產生脫屑的問題，形成「乾燥型敏感肌」；相信很多男生朋友都會認為自己的臉很油，一但提到「要保濕」都頻頻搖頭，卻不知道自己的皮膚是「油中帶乾」的混和肌膚。

♦荷爾蒙讓油脂分泌旺盛

男性荷爾蒙過度刺激皮脂的分泌，當油脂過於旺盛，也會伴隨皮脂分泌物的出現，若這些分泌物沒有及時清

潔，而讓毛孔堵塞，肌膚就會開始冒出暗瘡、青春痘，形成發炎性的敏感肌膚。

♦熟齡後肌膚容易急速老化

許多男性朋友在三十五歲以前，只要沒有面皰的問題，皮膚看起來都十分緊緻、光滑，這是因為男性天生皮脂腺數量較多且發達所致。然而，到了一定的年紀，或是有抽菸、飲酒習慣的人，很容易沒隔幾年就「老得很快」出現很大的落差感；這往往是因為日常疏於照顧加上抽菸、飲酒、熬夜等不良習慣。除了老化以外，也容易出現「黑斑暗沉」的敏感性問題。

綜觀我之前在分享、講座上最常遇到的提問，男性肌膚問題與形成原因大約可歸納為以下六大類：

男性六大肌膚問題形成原因

問題一：油光滿面

當男性荷爾蒙過度刺激皮脂的分泌，會造成油脂及汗水分泌較多，往往容易讓男性肌膚出現較偏油性的情況；臉部的油脂其實是肌膚天然形成的皮脂膜，但是，當我們過度洗臉、去油，造成肌膚表面油水不平衡的時候，反而可能會讓肌膚分泌更多油脂。另外，男性朋友常常隨手使用肥皂洗臉，但許多肥皂的「鹼性（pH 約 8.0 以上）」一

會破壞皮膚原有的弱酸性狀態（pH4.5至6.5），這時我們的皮膚就會分泌更多油脂來保護肌膚，造成肌膚不斷冒油。

問題二：熬夜與長痘痘

痘痘形成主要與皮脂分泌過多、毛囊皮脂腺堵塞、細菌感染、發炎等症狀有關。而熬夜會干擾皮膚的新陳代謝、降低免疫力、進而影響內分泌失衡，導致肌膚分泌大量油脂阻塞毛孔而產生痘痘。

青春痘、面皰與暗瘡的問題除了會受到荷爾蒙影響，有相當大的原因也是來自於體內毒素堆積或外部細菌感染。許多男性朋友常常熬夜、吃油炸物搭配含糖飲料，再加上清潔習慣沒做好，可能寢具與毛巾沒有常清洗或日曬除菌，就很容易造成反覆的細菌感染，導致痘痘好不了。

問題三：缺水乾燥

許多人因為工作長期待在冷氣房與緊張壓力之下，又很少喝水甚至幾乎不喝白開水，加上年齡增長、不當清潔，或是長期刮鬍子，刺激臉頰，都可能造成肌膚乾燥缺水。觀察自己的肌膚是否缺水，可以在正常的清潔洗臉之後，仔細觀察肌膚狀況，若發現額頭、臉頰出現細紋、脫屑表示肌膚已經非常「肌渴」了，而疏於去角質所堆積的肥厚角質，不僅讓保養品吸收上有困難，也會造成暗瘡、青春痘，或者細紋與脫屑情況。

問題四：毛孔粗大

每個人都不喜歡毛孔粗大，但實際上，男性比女性更容易產生毛孔粗大問題，原因是男性更容易分泌男性荷爾蒙。雄性激素大量參與皮脂分泌。毛孔的大小取決於遺傳因素，雄性激素分泌皮脂分泌較多，皮脂腺分泌較多毛孔也會粗大。最後，環境中的有害物質、懸浮微顆粒，更容易進入男性粗大的毛孔中，引發更多肌膚問題。這時候，別忘了兩大要領：「勿過度清潔」與「正確清潔」。

問題五：敏感泛紅

一般會認為男性皮膚比女性肌膚厚，不太可能變成敏感性肌膚。然而，近年來，隨著空汙、不當的清潔方式和不良的飲食習慣，患有敏感皮膚的男性人數似乎在增加中。不過也有少數人，使用某種保養成分後引起過敏，免疫細胞記住這種反應，往後只要碰到成分結構類似的產品就會過敏，從此陷入肌膚敏感的問題。

問題六：暗瘡凹洞

每個人多多少少都長過痘痘，但是，為什麼有些人的痘痘會惡化，造成皮膚凹凸不平、甚至紅腫發炎的惡劣膚況？答案就在於「手癢」！提醒男性朋友，毛孔堵塞與不當擠壓是造成坑洞與發炎的重要因素！

皮膚堆積的髒污形成了黑頭粉刺，或者已經發炎的痘

痘浮在肌膚表層突起一個乳白色的「痘芽」，怎麼看覺得好不順眼！這時照鏡子是不是就會很想「擠一擠」呢？當皮脂分泌物被推出肌膚表層，乍看之下好像髒東西消失了！毛孔也沒那麼明顯，是不是讓你感覺很痛快？

然而，無論你用手或道具，這一個「擠」或「摳」的小動作，很容易傷到皮膚真皮層，產生細菌感染，形成開放性傷口，髒污手指或未經消毒的擠痘用具，又把細菌帶入你的皮膚，造成更嚴重的發炎感染，真可說是惡性循環。

想想看，這反覆好不了的傷口、堆積的角質，怎麼可能不造成「月球表面」呢？

簡單快速的四步驟保養術

Step 1：適度而不過度的清潔

很多男性喜歡清潔肌膚後的緊繃感覺，誤以為這樣才是徹底潔淨，其實這是錯誤的第一步，經由這樣的清潔方式，長久下來便會發現皮膚開始缺水脫屑，過度清潔以致傷害原有的皮脂膜，才讓肌膚更油更缺水。尤其，交通工具為機車、喜歡戶外運動或是業務等一族，很容易因為流汗、高溫、悶熱、灰塵、機車廢氣等，讓毛孔更加容易堵塞。因此，建議男性朋友，回家的第一件事就是先洗臉、洗澡，才不會太忙、太累，隨意水洗一下就睡覺，許多髒污還留在臉上，容易毛孔堵塞而產生粉刺、痘痘，甚至發炎與面皰等問題。

在清潔產品的選擇上，可以選擇泡沫型、無香精成分的洗潔用品優先；但是，清潔力道輕輕地按摩全臉即可，尤其像是鼻翼與臉頰靠近耳鬢、臉部輪廓髮際線等等地方，都要仔細清潔，清潔劑請勿停留在臉上超過30秒。除了正確清潔，偶而也需要去角質，可以是角質是否肥厚而決定次數，去除老廢角質，讓肌膚得到完整的新陳代謝。

附帶一提，許多男性朋友也會有一個迷思，認為「洗乾淨」的意思，就是讓肌膚洗到完全乾澀，因此拼命的反覆清洗。然而，這會造成過度清潔，反而使肌膚太乾燥容易缺水產生細紋，或是讓肌膚的天然保護因子油水不平衡，更容易產生細菌滋生與敏感反應的問題，因此，「適度」真的很重要。

Step 2：適度進行溫和去角質

男性的肌膚代謝速度會比較緩慢、常有較厚的角質層堆積在肌膚表面，產生粗糙、暗沈的情況，而且容易造成肌膚的水分流失、讓肌膚代謝不順暢。請記得，厚重老廢角質不去除，擦上再多再好的保養品，也無法真正吸收進皮膚內層。

去角質的頻率以每周一次為基準，若是肌膚過敏脆弱時請勿使用，乾燥肌膚可以只去T字帶即可，去角質的產品可以選用濕敷泥狀面膜、或是細砂糖＋椰子油等溫和方法，來幫助角質的代謝，但是，也不能頻繁使用，反而會讓肌膚變得更敏感脆弱。

總之，產品種類眾多，可視個人皮膚的狀況與需求不同而進行挑選，不變的原則是「不要一次求到位」，畢竟我們的皮膚不是圖畫紙，不像拿橡皮擦擦一擦，就能產生許多廢棄物。如果為了追求去角質的效果，選擇過度強效或者使用力道錯誤，反而造成肌膚傷害。

Step 3：保濕工作不可少

以男性朋友的肌膚來說，都會有出油過多的情況，為了維持肌膚油水平衡的狀態，那麼維持水分就是擁有好肌膚的必備條件。連女性的肌膚狀態也是一樣，有時候會一直出油或是粉刺過多，看似油水不平衡的肌膚狀態，可能就是油水失衡所引起的。

因此當肌膚的保濕工作做得不足夠時，肌膚最外層的角質層含水量也就無法有足夠的飽滿度，看起來就會有些細紋和皮屑產生。另外，有些男性朋友會誤以為刮鬍子之後的「鬍後水」就具有保養或保濕效果，其實是錯誤的！鬍後水為了讓肌膚有清爽感，其中可能添加酒精，雖然擦上去的瞬間感覺很舒適，但是會讓皮膚得到更多刺激。尤其，很多鬍後產品的香味濃郁，很可能是香精所致，建議還是減少使用，以免為肌膚帶來不必要的敏感源。

Step 4：清潔與防曬密不可分

防曬的重要性，男性也不能輕忽。不過，如果是使用具有防水功能的防曬產品，記得在清潔上也要進行「卸妝」的動作，因此，如果只是單純的洗臉步驟，是無法將防曬成分徹底清除的，一旦沒做好徹底清潔，就又會提高毛孔堵塞的風險了！

男性保養品挑選的重點

綜觀以上內容，男性讀者或許開始有點困惑：「我到底要怎麼選擇自己的保養品，並正確保養呢？」針對這一點，我也從以下幾個常見品項給予建議：

慕斯型態的清潔產品

慕斯型態的潔顏產品不需要自己動手就能輕鬆起泡，而且泡沫細緻。記得，洗臉決定清潔度的是泡沫的細緻度，而不是手的力量！切勿一直用力搓揉喔！

每日新鮮蔬果與充足飲水

有感於男性的生活習慣常常比女性更消耗能量，

因此，除了飲食保健要注意營養均衡，可多攝取維生素B2因為它有抑制皮脂分泌的作用，它有助於改善痤瘡和青春痘，油性皮膚的人日常飲食應積極食用；富含維生素B2的食物有以下幾種：鰻魚，納豆，雞蛋，乳製品，葉菜類等。

而維生素B6，能深入參與氨基酸和蛋白質的代謝，它對皮膚細胞有很大的作用，可使肌膚健康並促進其生長。富含維生素B6的食物有以下幾種：魚，豆製品，香蕉，開心果等。

另外，維生素A具有活化細胞代謝和增強免疫功能的功能，可以防止病菌和病毒從外部侵入。當皮膚的屏障功能惡化時，可以服用的脂溶性維生素之一；透過胡蘿蔔、杏、綠花椰菜、木瓜等，都能攝取豐富的維生素A。

正確使用防曬產品

防曬品的選擇，可視自己需求而定。接觸日曬的時間越長，防曬係數越高；戲水時則是要注意防水以及適時補充。然而，防曬產品的附著力和殘留物有時不是肉眼所能看見，因此在擦防曬乳之後，記得要做正確、深層的清潔，才不會造成毛孔阻塞，引發皮膚炎等問題。

「內外兼具」的型男保養自我檢視

新時代的男性，不應該再以臉部肌膚「滄桑」為智慧象徵，要漸漸擺脱「看起來老成，才能顯出成熟男性的魅力」的刻版印象。睿智而看起來年輕，保持在最佳狀態而不要顯得「老態」；因此，從日常中進行留意與加強，真的不可或缺。

除了日常肌膚保養，也鼓勵所有男性朋友要注意日常「內在」的保養，你不妨也檢視一下自己的生活狀態，看看是否合格？

日常作息檢核小測驗

題號	問題	是	偶爾	否
01	是否有抽菸的習慣？	3	2	1
02	是否有飲酒的習慣？	3	2	1
03	喜歡吃宵夜，尤其是鹹酥雞、雞排等炸物？	3	2	1
04	喜歡含糖飲料，每天都要喝手搖杯？	3	2	1
05	每天至少一杯咖啡，卻常忘記喝白開水？	3	2	1
06	沒有嘗試過洗面乳以外的肌膚保養品？	3	略	1

07	沒有使用防曬產品的習慣？	3	2	1
08	常常三餐不定時、不定量，或是用泡麵打發？	3	2	1
09	熬夜、不是睡得很少，就是睡到中午以後？	3	2	1
10	缺乏固定運動的習慣？	3	2	1
11	沒有注意過洗臉毛巾與枕頭套換洗的頻率？	3	2	1
12	常常手癢，忍不住想去擠痘痘、粉刺？	3	2	1

測驗方法

誠實評估自己的情況，進行分數統計。統計之後對照以下解析：

♦總分16分以下：型男歐巴潛力股

從這個測驗可以看出來，你的作息與健康觀念還算合格，相信你只要再多花一點心思去關照肌膚、打理整體穿著髮型等等，一定會是個帥氣的型男！基本功如果已經做得差不多，就可以針對個人肌膚狀況進行重點加強，建議可以從面膜或精華液的機能補充品著手，讓肌膚健康更上一層樓。

♦總分17-26分：健康「差一點」先生

感覺你並不是不重視外表與肌膚健康，但是，或許真的太忙了，所以很多小細節都疏忽。建議你除了透過以上表格好好檢視、調整自己的作息，也要留意自己的年齡！三十五歲往往是男性朋友重要的人生關卡，不能再仗著自己年輕、充滿活力而掉以輕心！認真為自己安排運動時間、早睡早起、多補充水分，才能為自己帶來好氣色、好膚況！

♦總分27分以上：問題肌恐怖分子

看完你的測驗評分，你自己不擔心，旁人都會為你擔心了！就算你現在沒有明顯的暗瘡、痘痘問題，也不得不說你的肌膚就像不定炸彈，因為作息不當而潛伏了許多變化因子。或許，過去的你對這樣的生活不以為意，但是，如果你真心想解決肌膚的問題，期待變得更健康、有自信，請你還是要正視作息、清潔保養等種種基本功！

肌膚調養生活解決對策

- 飲食清淡：麻辣火鍋、燒烤、油炸物、滷味、甜點、花生、洋芋片等食物會導致代謝紊亂。常見的表現就是臉上長痘痘，層出不窮，請飲食清淡避開上述食物。
- 良好的睡眠品質：盡量晚間十一點就寢，睡足七小時，讓身體得到充分的休息，並且盡量減少熬夜的次數。睡覺時記得關掉電燈，有助於促進睡眠的褪黑激素的產生，讓睡眠品質比較好。
- 關閉智慧型手機和電腦：在上床睡覺至少一小時前，遠離或是關閉電子用品。因為，智慧型手機和個人電腦發出的藍光，會像咖啡因一樣激活大腦。

- 不要有擠痘的習慣：經常用手觸摸臉部容易產生接觸性感染，而讓痘痘問題惡化。
- 枕頭套最少一週換洗一次：減少細菌或者蟎蟲在臉上滋生，降低細菌感染。
- 保持潔膚用品的清潔與乾燥：洗臉的海綿或是擦臉的毛巾，請定期清洗並放置乾燥通風處，潮濕引發黴菌也會讓肌膚出現問題。
- 建議男性每天應該喝約3000cc的水：多喝白開水補充水分，咖啡、茶不要喝過量以免身體缺水、肌膚也跟著缺水，。
- 多吃蔬菜水果，飲食請勿偏食。
- 補充乳酸菌或是膳食纖維：保持腸道暢通，因為便秘、宿便會引起皮膚乾燥缺水，甚至長痘痘與起疹子。

- 每日清潔肌膚勿超過二次：敏感性肌膚早上可以只使用清水洗臉即可。
- 勿使用吸油面紙：避免肌膚因過度去油，而冒出更多油脂來保護肌膚。
- 洗臉水溫盡量為常溫：用手試水溫不冷不熱即可，過冷、過熱都會刺激肌膚。
- 肌膚乾燥、缺水、敏感時，最好暫時不要使用洗臉機，也不要使用含有磨砂顆粒的清潔產品，可使用含氨基酸的弱酸性清潔用品。

照著上面的方式多管齊下，相信慢慢的肌膚問題就會改善，我為你加油！

型男注意！別讓「內憂外患」成為肌膚的大敵

我們常說「正確的觀念與心態，才會帶來正確的行動」，女性朋友基於「愛美」的前提，為了達到好膚質會進行很多努力，例如早點就寢、多吃抗氧化的蔬果，注意水分補充與忌口等等。但是，男性朋友卻往往相反，要知道不論是熬夜、喝酒、抽菸、長時間久坐打電腦、低頭玩手機等等，都會讓體內毒素堆積，進而反映到肌膚情況上。

所以，改善肌膚問題，絕對不能只仰賴擦保養品這麼簡單，關係到日常的作息、生活偏好與保養態度。附帶一提，許多男生朋友都存在著「難言之隱」，就是「便秘」的問題；男性朋友天性體質比較容易燥熱，工作習慣專注性高，有時候忙碌起來久坐不動，不喜歡或懶得吃蔬菜水果、加上缺乏飲水、過量食用咖啡、雞排、含糖飲料……一不小心就容易有便秘的問題。

人體70%的免疫細胞集中於腸道

很多人或許不知道，臉上痘痘問題一直沒有得到起色與改善的人，癥結點可能是排便與體內環保做不好，或者本身有消化道腸胃毛病。腸道不只是消化器官，也是人體最大的免疫器官，便祕、宿便所累積的體內毒素無法正常排出時，會反映在什麼地方呢？最後會反映在人體最大器官皮膚上！因此，如果你曾經嘗試過各種偏方、藥物、保養品，都無法改善痘痘肌與面皰問題，不妨也正視一下自己的排便習慣與飲食習慣，說不定會讓你找到新的「搶救」切入點！

體內環保六步驟

- 多飲用常溫的白開水。
- 補充纖維質、膠原蛋白與適量的堅果。
- 適度運動、按摩，伸展肌肉組織與腹腔。
- 減少刺激性飲食，如咖啡因、辛辣物、高糖分製品。
- 不要「等一下」或「忍耐」，順應生理時鐘的提醒去上廁所。
- 每周找一天或每個月固定「輕斷食」，啟動體內自癒力。

輕斷食參考

《防彈斷食：跟著醫師週末斷食，排毒養生更健康》作者三浦直樹分享，透過「六一輕斷食」可以活化自身的健康免疫力！

六一輕斷食

每週選一天，在那一天中，二十四小時內不攝取任何食物。

斷食的意義就在於空出時間讓內臟休息，「六一輕斷食」只要空出連續的二十四小時不進食就可以了；不需被表面上的形式侷限，選擇自己方便的方式進行斷食即可。

輕斷食施行注意事項

- 斷食的前一餐，最好能準備對身體比較溫和的食物，減少身體的負擔；例如比起用油快炒的蔬菜，更適合的是高湯燙過的青菜、燉煮過的根莖類，或是生菜沙拉。
- 斷食前一餐份量不要太多，大概吃八分飽就可以了，也請記得不要飲酒。

● 斷食期間只能補充無卡路里及無咖啡因的水分；但不要攝取過量水分，以免身體會感到寒冷，建議飲水選擇溫開水。

● 斷食中如果覺得想嘔吐，可以沾食一些鹽巴。

● 建議斷食期間不要吸菸，據說空腹時吸菸，會比平時更容易感到頭暈。

● 斷食後復食特別注意請避免人工添加物，以免造成內臟負擔。

註：輕斷食情報摘要出處：《防彈斷食：跟著醫師週末斷食，排毒養生更健康》三浦直樹／著／世茂出版

玟蓉小語

許多肌膚問題的產生，絕大多數的原因並非少做了什麼保養，而是保養方法錯誤，因此，我們應該回歸到日常生活中，檢視自己是不是「做錯了什麼」？

其實，當我們從生活中把「錯誤」排除，就是踏出了「正確」的第一步。

本章的「美容八不」是整合了我三十年的敏感肌保養經驗，化繁為簡列出八個「不該做」的保養自我檢視與對策，相信你只要願意落實執行，一定能看見肌膚狀況慢慢好轉。

「美容八不」除了對敏感肌有幫助，也適用於各種肌膚問題，鼓勵所有關心自己肌膚的人，都該嘗試看看！

【第五章】獻給敏感肌的保養對策：美容八不

「Less is more 少即是多」出自德國建築大師密斯．凡德羅（Ludwig Mies van der Rohe）的名言，不僅適用於設計美學，也與我的保養哲學相呼應。由於自身「敏感肌」的關係，除了開發、鑽研合宜的產品配方，在保養技巧上「化繁為簡」，一直是我不變的理念。

因此，我透過長達近三十年在美容保養專業領域的經驗，整理出了「美容八『不』」這套核心保養觀念，希望透過這八件「不該做、不要做的事」來提醒大家，正確的保養其實跟你想的可能不一樣；未必要透過層層堆疊的時間與金錢才能達到效果。

第一不：不使用含有磨砂的清潔用品

我們都知道「清潔是保養的第一步」，但是，清潔也要選對產品。磨砂成分的訴求是「去角質」，通常裡面有一小顆一小顆的塑膠微粒，俗稱「柔珠」。這些微粒成分也有部分是取材自果核，但是為求彈性、細密度與柔軟性，大部分的磨砂微粒還是以塑膠居多，包括聚乙烯 PE（Polyethylene）、氧化聚乙烯蠟 Oxidized polyethylene wax，或是聚丙烯 PP（Polypropylene）。然而，這些成分卻容易因為過於細小、密度低，難以透過汙水處理的環境工程進行攔截，最後流入海洋造成生態問題。

為了美麗而造成環境破壞，尤其當這些海洋生物吃下這些難以消化的物質，最後它們卻變成桌上佳餚時，受到傷害的還是我們自己。因此，大約在2014年開始，美國各州、法國、加拿大、韓國、英國，都已陸續立法或執法禁止塑膠微粒產品製造以及銷售。台灣也於2018年1月1日起不得製造及輸入含塑膠微粒化妝品及個人清潔用品、2018年7月1日起則不得販賣6大類含塑膠微粒之化粧品及個人清潔用品。請大家「不購買、不使用」為環保盡一份心力。

除了基於環境生態的立場，請不要使用塑膠微粒的磨砂產品，其實這種添加顆粒的清潔產品在使用上也很容易因為施力不當，造成角質層受傷，甚至洗臉時不小心跑進眼睛造成傷害。

第二不：不要使用「化妝水」

許多人在接觸肌膚保養時，第一罐入手的保養品就是「化妝水」。因此，聽到我說「不要使用化妝水」應該會感到非常困惑。坊間的產品不是標榜了「保濕」、「高機能」？很多保養指南的第一步驟，就是教你要擦化妝水。

然而，有越來越多的專業皮膚科醫師與專家（註），提出對化妝水的見解，都一致的認為它對於皮膚保養、保濕並沒有實質（或如同廣告上宣稱那般顯著）的效果。

這是因為兩個原因，一來水分子本來就比較大，無法直接被肌膚所吸收，所以化妝水帶來的保濕只是表面上的感受，卻很可能在擦完之後，一起帶走臉上原本的水分，讓肌膚更加缺水。

其次，看起來漂亮、好聞、甚至有潤澤與濃稠觸感的化妝水，幾乎可以說是化學添加物的大本營！香味與美美的顏色不外乎是香精與色素，而宣稱「高保濕」的濃稠狀的觸感大多來自增稠劑。另外，有些宣稱有「緊實效果」的化妝水，有可能是透過酒精從臉上快速揮發、帶走水分製造的緊繃感。

而這些過多的化學添加物，不外乎都是肌膚刺激的來源。由此可知，化妝水早晚使用，簡直像是早晚在為肌膚增加化學添加物的刺激。如果你要思考如何減少肌膚敏感問題的發生、降低過敏原、減輕肌膚負擔，並且不再讓肌膚過敏的情況惡化，不妨先從「剔除化妝水」這一項開始做起，你會發現肌膚因為少用了化妝水反而變得更好。截至目前為止，我已超過二十年未使用過一滴化妝水，肌膚一樣水嫩，反而因此降低敏感發生率。

備註

參考資訊，提出相關主張的醫師與專家

- 台新醫院皮膚科主治醫師楊倩如

https://www.ttv.com.tw/lohas/view/15986　常春月刊專題

- 資深皮膚科醫師王貞乃

弘光科技大學化妝品應用與管理系專任教師張麗卿

http://m.commonhealth.com.tw/article/article.action?id=5017338　康健雜誌專題

第三不：不使用厚重遮瑕的粉底

皮膚狀況不理想的時候，很容易掉進「想遮醜」的心理陷阱。於是，「BB霜」或「氣墊粉餅」就是抓準了消費者這樣的想法，強調高度的遮瑕與完美的妝感。

但是，我們都知道基於彩妝構成的原理，如果想讓底妝遮瑕效果好、形成良好的附著力，最不可或缺的就是「油」；因此，這代表完妝效果越好的產品不僅越厚重，相對的含油量也會很高！

長期使用附著力強又厚重的油脂底妝會造成那些問題？首先，它會阻塞肌膚毛孔的呼吸，悶住肌膚一整天不透氣的情況下，就容易產生「蠟黃」、「斑點」、「毛孔粗大」、「暗瘡」與「痘痘」等問題，所以，若是有上妝的需求，粉底在挑選上還是選較為清透、不全部遮蔽毛孔的礦物質彩妝品比較理想。

過敏性肌膚，
也可能是「妝」出來的？

你相信嗎？彩妝品選用不當，是會讓你從正常肌變成敏感性肌膚！問題可能出在兩個地方：

一、你的彩妝、粉底是否添加了不當的香精？人的身體其實遠比你想像中敏感並誠實，只要接觸到不適合的產品，就自然而然會升起生理反應，試著告訴你「它不適合」，只是我們往往沒在第一時間收到訊號，或者做出正確判斷，找出真正答案。

二、上妝久了之後發現肌膚有敏感問題，除了產品本身可能不適合，也不容忽略「小道具」！很多人使用半年、一年以上，卻從來沒有更換、清洗過上妝的小道具；粉撲、海綿、刷具等等。想想看，這些每天反覆使用卻不清洗的道具，隱藏著多少細菌？肌膚怎能不對你發出「敏感不適」的警告訊號呢？

第四不：不使用「滾珠式」、「旋蓋式」保養品

保養品的包裝規格很多元，但是也可能因為它的多元性，造成保存與使用上的潛在問題。舉例來說，在我的「美容八不」哲學，建議大家盡量避免使用兩種類型的產品包裝：「滾珠式」與「旋蓋式」。

♦滾珠式

以長條瓶裝為主，接觸肌膚的是一個圓形小鋼球，可以少量帶出保養品；常見於香水、精油、唇蜜或者高級眼霜等。滾珠瓶感覺在擦產品時可以順便按摩，又可以節約產品使用量，彷彿一舉數得，殊不知當有效成分「滾」出來的同時，也把肌膚表皮的灰塵、皮脂、細菌和皮屑給

「滾」進去了！

旋蓋式

透過旋轉動作打開瓶蓋的廣口瓶，是最常見、基本的保養品罐裝型態。然而，它與空氣接觸的面積較大，很容易有落塵與氧化問題。尤其，大部分的人都習慣用手指挖取，一樣有帶入細菌與皮脂屑的可能。

雖然，很多這類產品會附贈一根小挖杓或挖棒，但是絕大多數人使用小挖杓幾次後，就不再使用、乾脆用手直接挖產品。再者，這些小道具如果沒有做好徹底清潔，結果也是一樣。

所有的保養品只要開封使用、接觸肌膚的次數一多，就很容易產生質變。這些肉眼看不到的變化，其實都反應在你的肌膚上；輕則保養無效，重則越「保養」皮膚越糟糕，不可不慎！

撇除這兩種「NG」的瓶罐包裝，我會建議各位選用「按壓式」、「滴管式」、「小容量」包裝的產品，可視個人需求壓按數次，取得的分量適中，擠出口接觸空氣與皮膚的面積小，既衛生又能保全保養品的有效成分。

開封後的保養品，就不能以「保存期限」為準

每次到了「周年慶」、「購物節」，常看到有人瘋搶囤貨各種產品，但是，保養品畢竟不像三餐一樣，一天的消耗、使用量龐大，我相信一定有很多朋友年終大掃除的時候，是又心疼又不捨地丟掉很多根本沒用完的產品。

這除了提醒你，千萬別多花錢在不需要的產品上，也要注意別做「錯誤的節省」。有些人認為保養品一點點容量就動輒上千元，能擦越久越好。但是，過度「節省」的結果，不僅擦不出成效，甚至可能你在使用的是已經「過期」的保養品而不自知。

盡量選擇

包裝容量小的保養品

保養要有效，其中一個要素就是新鮮與活性，因為，保養品雖然在外包裝上常見至少三到五年的期限，但是一經開封之後，由於包裝規格和個人使用習慣的不同，盡量開封後在三個月到半年之內使用完畢。所以選擇小容量包裝的保養品，讓肌膚品嘗到最新鮮、擁有最多有效成分的保養品。

第五不：不要等到出門前才擦防曬產品

近年來整個地球環境變化，感覺夏天變得越來越長、氣溫也越來越高。因此更不能輕忽「防曬」的重要性！做好防曬是我一直強調的「基本功」，但是，很多人在防曬上沒有落實小細節，反而影響防曬效果。

首先，防曬應該在著衣、出門前三十分鐘就擦好，讓防曬成分有效附著服貼，而不能等到準備出門時，甚至走到戶外才臨時擦防曬產品。如果進行戶外活動有可能長時間、大量接觸陽光，更不能只擦露出衣服之外的肌膚，不要小看紫外線的穿透力。

另外，在防曬產品的選購上，也請格外注意不要含有以下幾種容易引起敏感肌不適的配方：

- 酒精：快速揮發的特性，容易造成肌膚油水不平衡，雖然有清涼感與消毒特性，但是也很容易對肌膚帶來過度刺激，甚至對比較薄的肌膚造成輕微灼傷。
- 香精：香精是常見的刺激過敏源，容易與包材產生化學反應，溶解或質變出有害物質。
- 礦物油：提煉自石油的礦物油雖然平滑、容易塗抹，但是透氣性差，容易讓肌膚難以呼吸。另外，礦物油在取得過程中，如果純度不足，就容易有「砷」及其他重金屬與雜質殘留，累積毒素造成肌膚問題。

選用「防滲入」的安全防曬產品

防曬產品分為物理性和化學性兩種，物理防曬的成分為「二氧化鈦（TiO2）」跟「氧化鋅（ZnO）」，不會滲入皮膚被人體吸收。但化學防曬產品的成分多是化學合成酯或環境荷爾蒙，常常造成肌膚病變或過敏性蕁麻疹，甚至有致癌風險，因此，必須要採取防滲入配方，建構高分子聚合物薄膜或製造出大分子以阻隔避免滲入肌膚被人體吸收。然而坊間許多產品卻沒做到這一層安全防線，因此很容易讓我們在防曬的同時也不知不覺累積了毒素。

因此，長期關注保養品成分配方的張麗卿教授（註）也在受訪時分享過如何留意、辨別有防滲入風險的防曬產品，建議可以從以下三個部分進行觀察：

◆從配方成分辨別：化學防曬成分比例愈高，越需要注重防滲性。

◆少量試擦於臉部肌膚，如產生刺痛感，代表防曬成分滲入皮膚，不宜選購。

◆擦抹少量防曬乳在手上，待乾後噴灑少量水分，看是否能形成水珠。如有水珠代表防曬乳形成保護膜，有抗汗水與防滲入效果，但如果會溶於水分、變成白濁狀或被沖走，則代表有化學成分滲入的風險。

備註

• 張麗卿教授受訪談論防曬議題參考資訊
康健雜誌 114 期 http://www.commonhealth.com.tw/article/article.action?nid=63212

防曬產品的「續航力」要怎麼看？

防曬產品上有很多「指標」，但它們究竟代表什麼意思呢？這裡來向各位簡單說明：「SPF」是Sun Protection Factor，也就是可以防止主要會造成皮膚曬傷和變紅UVB出現的時間；以SPF數值為分鐘乘以10倍，就是參考的防禦時間。

舉例來說，台灣現在的紫外線程度，建議在挑選數值30以上。意思是一次有效塗抹可以為肌膚帶來300分鐘的保護，但是如果遇到流汗與戲水的情況，就有可能縮短效應時間，記得要隨時做補充。另外，

UVA指的是對皮膚的「曬黑」影響；如果不希望毒辣的陽光讓你長出黑斑與皺紋，記得就要挑選有「PA+」記號的產品。「+」記號越多，防止曬黑的效果也越好！

第六不：保養不超過兩個步驟

多年保養、照顧敏感肌的經驗裡，發現保養的步驟真的不需要太多；其實，在做好基本清潔之後，通常只需要選擇兩樣產品做保養就可以了。雖然，常看到有些女明星主張自己細心照顧肌膚，可能睡前要花好長一段時間打開瓶瓶罐罐、一層又一層的塗抹。

我們姑且不論真假，或者每個人的膚況及吸收程度有所不同。總之，過度保養並不是「真理」，也不代表能換來吹彈可破的肌膚。請記得，我們一再提醒：「皮膚是人體最大的器官」。既然是器官就需要休息，也需要呼吸，但是過度的保養卻容易讓皮膚超出負荷，造成三大困擾：

- 營養過剩造成油水失衡
- 呵護過度影響自癒能力
- 滋養過度使吸收力下降

這三個情況都會扼殺肌膚原有的自癒力和抵抗力，所以，建議各位：「保養不要超過兩個步驟！」這邊所指的是無論早上或睡前，在清潔之後只要選擇兩樣產品進行保養就可以了！

當保養步驟化繁為簡，又需要加強修護時怎麼辦？針對敏感肌使用的保養品，我會建議使用精華液質地；但是要選擇小分子、高濃度、零添加任刺激成分，可以選用含有「神經醯胺（Ceramide）」、LPS等成分的保養品。

神經醯胺（Ceramide）又名分子釘或賽洛美，同時具有親水與親油的特性能夠形成脂質雙層的結構，強化間質的柔軟度與保水能力。人體肌膚本來就存有神經醯胺，但是會隨著人體機能變化而流失，進而造成肌膚屏障能力減弱。由於神經醯胺在細胞生長、分化、老化過程中是重要的訊號傳導因子，對於肌膚屏障層有幫助。

或是選用含有提升肌膚自體免疫能力的LPS成分的保養品，它能讓人體內的蘭格罕細胞的活性增強，同時讓肌膚恢復活力。經日本實驗顯示使用含有LPS成分的保養品，能調整肌膚紋理、改善粗糙肌膚，具有緩和異位性皮膚炎的效果。

以我個人為例，其實已經好久沒有使用「霜狀」產品；因為乳化劑或是油脂含量過高，會造成長肉芽或是起小疹子，所以已經超過十五年連眼霜都不再使用，只選擇分子小、無刺激性的精華液塗抹全臉，在我簡化產品之後，肌膚問題反而默默消失了！這也驗證了保養步驟簡化，反而對肌膚會更好！

保養品少擦一點，讓肌膚「修復好一點」

我們都知道睡覺前不能吃太多東西，會讓腸胃無法休息，除了造成器官消耗與老化，也很容易影響新陳代謝。然而，對於肌膚保養其實也是一樣的概念，睡前塗抹過量的保養品，睡眠過程中你的皮膚也是在疲於消化與吸收，無法得到好好的休息，自然也沒辦法讓這些珍貴的保養成分有效應用。所以，想擁有健康美肌，就要當個「睡美人」，記得先從「不要讓肌膚吃太飽」開始。

第七不：不使用含人工香料、色素的產品

市面販售的美容與清潔產品，無論是保養品、彩妝、洗髮精、沐浴乳或清潔用品，很多都添加了色素和香精，雖然在視覺與嗅覺上會給你「好美的顏色、好香」的體驗，但是其中的化學添加物卻很容易造成刺激肌膚敏感。

如果你有頭痛的問題卻查不到任何原因，可以觀察看看是否所使用的產品含有化學香氛。香精會造成中樞神經的刺激，往往是容易被忽略的頭痛成因。

保養品、彩妝品甚至清潔用品，都跟肌膚有最近距離的深入接觸，因此在成分選擇上的安全性，真的遠遠勝過五感的喜好！希望大家在選擇商品之前，要好好判斷、挑選，別傷害自己的肌膚與健康，盡量選擇「零添加」任何刺激肌膚成分的產品。

專研敏感肌這一路走來，我一直在尋求：什麼是對肌膚真正好的成分？什麼是理想健康的肌膚？就如同我們在第一章所分享過的，基於年齡增長與種種內外在因素，我們肌膚本來擁有的自癒力以及防禦力越來越差，因此難以抵抗外來的刺激，讓肌膚問題陷入惡性循環中，除了外來因素影響，也有許多肌膚過敏的案例，是源自於使用的產品中含有對肌膚刺激的成分。然而，又不可能完全不做任何保養，為了降低刺激性與敏感，我們可以從追溯其產品每個成分包括萃取的源頭，是否對肌膚產生刺激的成分「零添加」。

「無添加」與「零添加」

無添加；泛指無防腐劑、無酒精、無色素香料的產品，不

過沒有加這些東西不等於就完全對肌膚沒有刺激性，可能添加被規範以外的成分也會造成肌膚敏感，簡單舉例：產品中的香味，若非天然精油或是植物萃取的花水等，就有可能是人工合成香精，而有機、天然的產品也不等於就無任任何刺激成分，天然植物性成分有的也可能會有刺激皮膚，例如：檸檬油、薰衣草油、薄荷等成分，也可能引起皮膚刺激和過敏反應。

何謂「零添加」？

在產品研發的極限為止，貫徹絕不添加任何對肌膚造成刺激或是多餘的成分，只專注在讓肌膚恢復水潤飽滿與自癒力。就算要給予肌膚營養與活化的成分，也只挑選連極度乾燥、敏感的肌膚也不會造成任何刺激性的配方。天然還是有機並非等同產品成分中無任何刺激，我們要的是配方中的每個成分完全零刺激肌膚。

八種對敏感肌有害的成分

以下八種成分會刺激肌膚造成敏感，請務必審慎檢視所使用的產品！

- 合成香料
- 合成色素
- 防腐劑
- 乙醇
- 石油系界面活性劑
- 螯合劑
- pH 值調節劑
- 不飽和脂肪酸

除了上述八種成分，本書特別為大家整理出了肌膚有害添加物的完整參考資訊，詳見【附錄】，在挑選保養品、生活用品上不妨多加比對、留意。

第八不：不做雷射美容

敏感肌膚不建議做此美容療程，東方女性奉行「淨白無瑕」的愛美標準，只要臉上出現斑點、黯沉等問題，就很想透過「速效療程」來解決問題。然而，常選擇的「雷射」療程其原理是透過「光」與「熱能」進入皮膚深層，以雷射光波被黑色素吸收最佳的波長範圍（約在694nm；確實執行的波長約是500到700nm之間），並透過億分之一秒即短時間衝擊、崩解黑色素，使其透過人體自然循環代謝排除。治療的範圍包括：凹洞磨平、疤痕處理、黑斑、胎記移除、點痣、除毛、移除眼線、紋眉等。

這種治療會破壞黑色素，但是不會破壞製造黑色素的色素細胞（黑色素細胞）。因此，即使在治療後，黑色素細胞仍然會產生黑色素。雷射手術的種類很多，不變的是都會造成皮膚中的水分流失以及角質層受損，而且療程後並無法從此一勞永逸；甚至不同程度的肌膚問題基於個人體質、日常作息等等因素，仍然要透過多次的療程，而術後保養重建的工作做不好，更可能前功盡棄而衍生更多肌膚問題，最常見的就是肌膚變薄脆弱，從此與敏感性肌膚問題結下不解之緣。

由於治療後會暫時減弱皮膚的屏障功能，因而容易引起肌膚乾燥與受到紫外線的傷害影響。治療後，必須每日勤做保濕、防曬，直到皮膚屏障功能恢復。此外，若是保養不當，則會導致皮膚粗糙，因而產生新的斑點的風險也會增加。

無論是皺紋、黑斑、暗瘡、青春痘……都是肌膚已顯見的「問題」，而已經有問題的肌膚再經過雷射，所需要的修復、重建時間自然會更久！這不禁讓人省思，如果花了大筆金錢進行美容療程，最後除了要承擔風險，還是要回歸保養，那這雙重的的時間與金錢支出，究竟意義何在呢？只能期待未來能有更安全、有效，甚至一勞永逸的美容方式，這或許是大家都想要的吧！

可以使用溫和的「科技保養」

侵入性的治療對肌膚潛藏的危機是不容忽視的，不過，在日新月異的科技變化之下，其實也有許多新科技美容居家儀器，能成為我們在保養肌膚上的好幫手，因為工作的關係，我常有機會接觸世界各地最新穎的美容科技產品，就發現其實有很多精巧、機能性十足的「居家美容儀器」，可以搭配使用。

像是曾見過一款奈米噴霧保濕儀器像手掌一樣大，充電一次可以使用好幾小時，很輕容易隨身攜帶。加入純淨的水後即可透過奈米霧化的技術，讓噴出來比毛孔小的水分子，可避免以往噴霧保濕水只停留在肌膚表面的問題，更能深入肌膚，達到真正「解飢渴」的保水、並降低膚溫；而輕巧的除皺撫紋居家美容儀器，也可以偶而搭配精華液使用，來增加肌膚緊實度，切記！要輕輕地由內而外、由下而上的使用。

「美容八不」之外的「保養三要素」

保養肌膚除了八件不該做的事情，也有不可或缺的「保養三要素」要提醒所有朋友；那就是「天天正確洗臉」、「日日擦防曬」、「月月肌斷食」：

天天正確洗臉

清潔肌膚對了，問題就解決大半了！因此，無論男女想改善肌膚問題，最重要的基礎就是從「洗臉」開始。

正確清潔的三大要點：

一、適當的水溫：洗臉不宜用太冰或太熱的水，冰水會過度刺激，熱水容易傷害皮膚表層；因此，在接近人體體溫下讓肌膚感覺舒適的溫度，才是適當的水溫。

二、讓泡沫帶走髒汙：洗臉時常犯的錯誤，就是擠了洗面乳之後隨便沾一點水讓洗面乳可以推開，就抹在臉上開始「搓洗」。未經起泡的洗面乳其實沒辦法深入肌膚毛孔帶走髒汙，因此，洗潔效果會受到影響。如果不擅於在手上搓揉起泡，建議可以選購「洗顏慕斯」型態的產品，免去起泡的困擾，可以做好深入清潔。

三、清洗力道要適中：洗臉的動作是以按摩的方式，用指腹在臉上由內而外畫圓，粗魯的搓揉、拉扯、用力抹，不僅容易造成肌膚傷害，還會產生細紋。另外，也有朋友因為怕洗不乾淨，購買了一堆小道具：像是洗臉刷、洗臉海綿、洗臉機等等，這些輔助道具除了要注意施力不當造成肌膚傷害，更重要的是要留意清潔保養，否則，皮膚可能越洗越糟糕。

◆標準洗臉的七步驟

一、洗臉之前先洗手；以肥皂清洗雙手包括指甲縫，確保接觸臉部時沒有多餘的髒汙。

二、記得，先用手試其水溫盡量接近人體體溫的溫度為宜。雙手捧取適溫的乾淨用水，潑溼臉部。

三、取適量清潔產品於掌心加水、起泡；不擅於起泡者建議直接選購泡沫慕斯產品。

四、從容易出油的T字部位開始塗抹泡沫，注意全臉塗抹，包括髮際、臉部與脖子交接處；甚至可以一起清洗脖子。

五、臉頰由上而下、由內而外的以指腹在臉上畫圈按摩，動作要輕柔，切勿用力拉扯。按摩時間三十秒內，清潔品停留在臉部過久也容易產生刺激性。

六、一樣使用適度溫水潑洗臉部，洗除泡沫；注意鼻翼、眼窩、髮際或臉頰與脖子連接處、下巴等容易殘留泡沫的地方，要徹底檢查清洗。

七、以清潔的毛巾壓按、輕輕將臉部水分吸乾，不可用力揉抹；接觸過臉部的溼毛巾應在通風處晾乾，並且常清洗、日曬或烘乾，以免滋生黴菌。

日日防曬

我們都知道生存的基本條件是「陽光、空氣、水」；其實，這三點也是影響我們健康與美麗的重要因素。尤其，我們的生理作息隨著日昇日落，大部分的人都習慣日出而作、日落而息，晴朗的陽光也能帶給我們好心情。然而，陽光日曬卻也是最容易促進「光老化」的肌膚殺手。

「有陽光的時候要記得防曬」，這一點只說對了一半；因為許多人存在著錯誤的迷思，彷彿「看不到太陽」就不需要防曬！然而，就算是陰天、雨天、在家或是在辦公室，也不容小覷紫外線的威力，甚至，坐在享有漂亮落地窗的咖啡廳，也可能因為玻璃折射造成曬黑，以及在室內的鹵素燈泡也會帶來影響。

因此，每天做好防曬，無論是擦抹物理性防曬產品，或是透過帽子、袖套、抗UV雨傘等遮蔽物協助防曬，總之，不能對紫外線掉以輕心。另外，就是承前文所提到，防曬品不是「有擦就好」，也沒有「擦一次就全天防曬」這回事！當我們在戶外活動，尤其是有可能接觸到水、會流汗的狀態時，切記要適度、適時補充防曬品，才不會讓肌膚防護產生斷層，功虧一簣。

特別提醒，男性也要加入「防曬一族」！

古銅色黝黑的肌膚帶給大眾「MAN」的印象，常見有人會刻意透過日曬沙龍把自己「烤」呈均勻的焦糖色。從審美的條件來看，只要色感均勻、符合個人風格，當然未嘗不可。

然而，從肌膚健康的角度來看，過度的紫外線傷害會破壞皮膚的防護層，造成色素沉澱、水分流失，容易引起粗糙、脆弱敏感、產生皺紋、失去光澤與彈性，嚴重的話可能還會出現皮膚癌等問題！

可見，曬黑或許可以帶來健康陽光的形象，但是也會使肌膚更加老化、刺激油脂分泌而長痘痘、粉刺，因此，從肌膚健康的立場來看，還是建議男性朋友要落實防曬，為自己的肌膚健康作好防護基礎；當然，擦抹防曬乳之後，就更要注意徹底的清潔，而具有防水或潤色效果的防曬產品更需要使用卸妝，才能讓肌膚維持健康！

月月肌斷食

前面我們也提醒過，睡前不要讓肌膚「吃太好」，以免皮膚器官一直在運作，無法得到最適度的休息。然而，讓肌膚得到適合的緩衝與休息，並不只存在睡前保養的觀念中，日本專業抗老治療美容整形外科醫生——宇津木龍一提出的「肌斷食」概念；就是提醒我們要讓皮膚得到緩衝與休息，就像腸胃一樣，如果天天吃大餐，一定會造成消化與吸收的問題，甚至讓腸胃囤積很多廢物，產生毒素。

肌膚的吸收問題其實也是近似的概念，因此，每個月或每周選擇一天讓自己在做好基礎清潔之後，不要再擦任何保養品，並且趁機觀察一下皮膚在停止接觸保養品後的「自然」變化；例如，哪裡開始出油、哪裡變得乾燥，或是哪裡有些脫屑等原始面貌，都可以幫助你更深入的認識自己的肌膚狀況。

此外，在肌斷食隔天以後，肌膚對保養品的吸收與運作機能會比往常更好，推薦大家可以試試看。

玟蓉小語

羅馬不是一天造成，敏感肌的許多問題也不是！

改善肌膚問題要從提升自身的抵抗力開始，因此，你需要好好地做出調整與改變；改變是需要時間培養成的，關鍵在執行力。

因此，建議你要做日復一日的觀察與持續記錄，相信一定可以從中找出一些重複的敏感因素，試著排除過敏原，讓生活更健康、更強化自己由內到外的免疫力，所改善的絕對不只是肌膚問題，而是可以讓你擁有更愉快、豐富的人生！

接下來的篇章，讓我們談談如何從日常生活中，全面打造抗敏感的生活。

【第六章】打造全面的「抗敏感生活」

在前面的篇章中，我們可以得知敏感肌的成因，有相當程度來自體內毒素累積，而人體的五大排毒器官分別是肝、腎、腸、肺、皮膚，可以在日常生活中養成一些促進體內循環代謝的好習慣，當體內的毒素被有效清理，自然能減輕、根治敏感問題。

五大器官排毒參考對策

排毒器官	參考對策
肝臟排毒	● 食用大量有機新鮮蔬果、或飲用蔬果汁 ● 選用安全醫療配方的營養補充品 ● 苦茶油加檸檬汁搭配纖維粉，以刺激肝臟排放膽汁（Liver Flush）並以糞便排出體內毒素。
腎臟排毒	● 每日飲用一千五百至兩千CC的濾淨飲用水；請留意水質不宜有添加物或金屬殘留。
腸道排毒	● 食用深綠色蔬菜與富含高纖維的食物，並養成一日三次排便習慣；並留意排便的完

	整性，不宜有水便或過度乾燥與黏稠，如有不正常現象即代表腸道健康狀況不佳。
肺臟排毒	●留意空氣品質，必要可選用空氣濾清機與負離子產生器。 ●調整呼吸習慣，讓呼吸盡量沉穩而緩慢；或練習腹式呼吸，讓身體含氧量提升。
皮膚排毒	●透過運動讓汗水自然排出，代謝體內廢物。 ●利用溫泉與三溫暖環境促進排汗。 ●也有建議透過菜瓜布、絲瓜絡乾刷肌膚促進循環，但是刺激性較高，不宜用於臉部或已有開放性傷口、結痂表皮的皮膚。

註：部分參考資訊來自《過敏，原來可以根治！：陳俊旭博士的抗過敏寶典》陳俊旭 著／新自然主義發行

除了排除毒素，如何避免身體再接觸過敏原，也是一個很重要的功課。有時候，過敏原會藏在意想不到的地方。例如，我在食用柳橙與含薄荷成分的食品皆會產生過敏，起初，剛開始過敏時也不清楚致敏原因為何？在醫生建議下，開始記錄每天的飲食與接觸的環境物品。

從這份詳實的紀錄中，才發現重複導致過敏的食物與原因。檢視我的紀錄，會發現竟然薄荷口香糖對我也會造成過敏。大多數人聽到這個過敏原，都感到很不可思議，然而，人體的基因就是這麼奧妙，其實沒什麼好奇怪的，許多貌似尋常的食物也可能對少數人來說存在致命危險。

總之，能發現這個對身體有威脅的過敏原，對我來說很重要！也讓日後的生活能稍微輕鬆的控制過敏問題。綜觀我自己在過敏專研的經驗，以下歸納出各種不同的過敏成因，大家也不妨多加留意：

吃錯食物，也會引起過敏！

多年前，我在工研院考試通過獲得生技美容師認證，在課程中學習到醫學代謝系統觀念時，了解了慢性食物過敏原檢測，也經由一百項食物過敏原檢測明白自己的過敏原竟然是牛奶、雞蛋、花生、桂圓等常見的食物，原來肌膚過敏有可能是「吃」出來的，如果在食用某些食物之後，會讓你感到皮膚癢、水腫、呼吸不順暢，這代表你可能碰到了食物過敏。

通常，這是飲食中的某些物質（蛋白質）啟動人體的免疫系統，被當成入侵的病原；當這些食物經過人體吸收後，會刺激免疫系統、產生免疫球蛋白抗體；如果數量過多，則會活化肥胖細胞，使其釋放出組織胺，而讓人產生過敏現象。

通常，食物過敏會反應在以下三個地方：

- 皮膚：顯現出紅斑、紅疹、腫脹、搔癢等。
- 消化道：胃部不適、嘔吐、腹瀉等。
- 呼吸道：氣喘、胸悶或胸痛、鼻炎、咳嗽等。

除此之外，也有可能發生偏頭痛或其他情況，一般而言，經統計較常引起過敏反應的食物包括：

- 海鮮甲殼類：蝦、龍蝦、蟹、貝類等；不新鮮的魚會釋放組織氨，造成過敏的症狀，或是有些海產店為了保存食材，增加了保鮮劑或其他添加物。
- 人工食品添加物：包括人工色素、防腐劑、抗氧化劑、香料等等，許多的零食、罐頭、蜜餞、醬菜、汽水飲料

等等，都有相關的成分。

- 豆莢類：花生、大豆、豌豆、黃豆、四季豆等；豆類的主要有毒成分是皂苷和胰蛋白酶抑制物；黃豆也常常被歸類在呼吸道反應的過敏原。
- 核果類：核桃、腰果、杏仁、胡桃等；牛津大學指出，現今流行的烘烤堅果零食雖然看起來更健康天然，但是高溫烘烤過程卻可能讓堅果本身產生質變，造成食用過敏問題。
- 含咖啡因者：巧克力、咖啡、可樂、茶、可可；咖啡因雖然是提振精神的好幫手，但是，過量的咖啡因或與特定體質的人接觸時，也會造成循環加速、引起不適與過敏問題。
- 水果：芒果、草莓、蕃茄、柑橘類、奇異果；值得一提的是，許多過敏來源是與水果表皮絨毛接觸有關，另外柑橘類的果皮偏辛溫，剝除時產生的「柑橘油」成分也容易產生接觸性過敏。

- 含酒精的飲料或菜餚；飲酒所造成的肌膚紅疹、泛紅問題俗稱「起酒疹」，是一種酒精過敏現象，大多數人會在酒精代謝、排出體外後恢復正常；但是，如果碰到含有香料與其他添加物、純度不夠的劣質酒，就可能造成更嚴重的健康危害。

- 動物激素殘留：蛋、牛奶、蜂蜜等來自自其他生物，富含蛋白質，但也很容易引起免疫系統反應。

- 特定蔬果：香菇、竹筍、殘留農藥的青菜；具刺激性的蔥、蒜、辣椒等。

能讓肌膚更健康的飲食小叮嚀

吃錯了會讓肌膚出問題，吃對了當然也會對肌膚帶來幫助！健康的飲食內容與規律的飲食習慣，都對提振肌膚健康免疫力有很大的幫助，例如，在飲食上可以留意是否用餐有不定時、不定量的問題；過與不足的飲食攝取都會對消化代謝器官造成耗損。

另外，大量的速食、或缺乏蔬菜的重口味飲食，以及含糖飲料、酒精飲料，都會造成肌膚老化、容易過敏，甚至容易發炎且傷口難以癒合。

除了減少吃進去的毒素，據說百分之七十五的毒素代謝是來自糞便排洩，這或許也呼應了我們前面所提到「便祕與毒素累積造成敏感肌問題」的情況。因此，打造健康的腸道環境是絕對有利於排毒與體內環保。

建議除了足量飲水搭配排尿一起促進體內循環，多吃含有大量膳食纖維、能增加腸道好菌的食物，則有利於排便；例如高纖蔬果與優格、乳酸菌飲品；但是購買市售品時要留意不宜過量含糖。

值得一提的是，有五種營養素，倒是能讓肌膚更有活力與抵抗力，不妨在飲食中多注意相關食物補充：

- 蛋白質：紅肉製品、乳製品、蛋、魚肉
- 維生素B2：深綠蔬菜、動物性內臟、豆類
- 維生素B6：甘藍菜、葡萄乾、花椰菜、香蕉
- 鈣：乳製品、芝麻、小魚乾、菠菜
- β-胡蘿蔔素：紅蘿蔔、鰻魚、南瓜

註：本段列舉營養素以肌膚健康為主，如有針對性單一飲食內容過敏原問題，請另行考慮、洽詢醫師攝取適用性與限制。

生活六件事，改善過敏就從細節開始

有句話說得好：「魔鬼藏在細節裡。」日常生活中確實也存在著許多容易被我們忽略的小細節，其實都與過敏成因有關！試著從以下列舉的六大重點進行觀察與改善，或許就能離「抗敏生活」更進一步！

剔除充滿化學香精日用香氛

無論洗髮精、沐浴乳、香皂、香水，或是衣櫥薰香包、洗衣精；甚至地板清潔劑、洗碗精、空氣芳香劑、化學合成的精油等等，總是可見種種不同的香味。香氛總是給人一種浪漫迷人的感覺，若非天然，不可小覷它對肌膚與健康所造成的不良影響，仔細想想，也許你的生活中已被無孔不入的香精所佔領！

留意毛小孩也可能是過敏原

無論是汪星人、喵星人，天真可愛的動物夥伴為我們的生活增添很多樂趣。但是，牠們的毛髮也是很常見的過敏原。曾有朋友表示，他一直有過肌膚過敏的困擾，看遍醫生都好不了，後來才發現自己對貓毛竟然過敏！因此，有養寵物的朋友如果也有過敏困擾，為了取得平衡點，請多費心勤打掃。另外，寵物用的清潔產品、便盆除臭劑等等，有時也存在香精問題，這不僅會傷害主人，也對小動物健康有影響，請審慎選擇。

◆小心廚房油煙與高溫

喜愛下廚烹飪的朋友請注意，油煙與高溫的環境會造成肌膚毛孔堵塞與水分流失；除了調整烹調習慣盡量減少油煙，下廚後也務必留意清潔與補水。

◆注意居家環境衛生

很多人或許會忽略，居家常見的「小強」其實存在非常多的細菌與致敏因子，因此有效清掃、除蟑；包括清除蟑螂本體、蟲卵、排泄物等等，都是打造零過敏生活的重要環節。另外，因為工作或生活需求得停留在冷、暖氣空間，似乎是現代人難以避免的情況。這時，除了注意體內外的全面保濕；空氣品質也十分重要，能濾除塵蟎、懸浮粒子等過敏原的空氣濾淨機，也是日常抗敏的重要幫手。

老菸槍注意！尼古丁會造成過敏肌

癮君子難以告別吞雲吐霧的快感？小心，尼古丁會造成敏感性肌膚！曾有新聞寫出，具有菸癮的女子每次抽菸之後臉部都會發生大量紅疹、搔癢，久久無法根治，後來經皮膚科診治發現，女子本身對香菸中的尼古丁過敏。另外，吸菸會造成皮膚溫度增高，容易流失水分、造成肌膚乾燥脆弱。

切勿省出「問題敏感肌」

開封後的保養品最好盡快用完，用不完的瓶瓶罐罐，你是不是捨不得丟棄？路邊發送試用品、網路上登記就可以抽獎；親朋好友的贈禮或是周年慶買太多用不完的產品……妳的化妝台上，是不是也有很多這樣的「超划算」與

「捨不得」產物？請記得，各種品牌的保養品成分、配方有所不同，複雜的堆疊使用極有可能讓其中不知名的成分產生化學變化，造成肌膚敏感得不償失。

除了顧臉蛋
「全身肌膚」也要抗敏感

談到肌膚保養，大部分的人想到的都是「臉」。其實，全身上下的肌膚，甚至包括頭皮，都該好好進行照護。我們怎麼關照臉部的肌膚，對待身體其他部位也是一樣；而肌膚清潔是最基本的條件，在清潔產品的選擇上也應盡量選擇天然成分，減少香精與添加物。

建議使用成分比較單純的手工皂來做身體清潔保

養的選品；要選擇不含防腐劑、皂鹼、人工香料、色素的弱酸性「手工皂」，取材自天然植物成分和優質好油製成的手工皂，若是清潔後肌膚乾燥，建議可以使用天然萃取的椰子油，容易吸收又清爽，很適合敏感性肌膚使用。

另外，在戶外活動想要驅除蚊蟲時，市售的化學防蚊液也很容易造成肌膚過敏，這時的對策就是選擇以「天然植物精油成分」製成的防蚊產品；例如香茅、檸檬桉、天竺葵、檸檬草、雪松木等，這些植物的氣味蚊蟲較不喜歡，是天然的驅蟲劑。

心因性的過敏：肌膚說出你不敢講的話

我們都知道壓力大時會影響內分泌，當心理與生理交互反映，許多內在情緒也會變成外在的病徵。像是有些人在過於緊張、不安、恐懼時，也會出現蕁麻疹的症狀，這就是「心因性」的肌膚過敏。

雖然，這樣的情況較為少見，但是因為情緒引起的疾病症狀，近年來已逐漸被臨床心理學以及相關醫科所認同。而這也不失是現在人的「文明病」，生活在都市水泥叢林之中，使用手機與網路不知不覺接觸過量、爆炸的資訊，以及科技發展與社會文化讓「夜生活」更豐富便利，在在都可能造成慢性疲勞與精神壓力。

切莫小看情緒的毒素，人體累積到一個爆發點，也是會需要「排毒」的！這時候除了自身免疫力下降所引起的感染性過敏問題，因為精神壓力產生的心因性過敏問題，也很容易伴隨而來。

全美最大身心靈出版社賀氏書屋（Hay House）創辦人也是重要的靈性導師——露易絲・賀LOUIS HEY，在經典著作《身體調癒訊息》裡提到，每一個疾病與生理病癥，都有背後的情緒訊息，像是粉刺與青春痘與自我肯定、接受自己有關，所以，肌膚衍伸出的種種問題，從另外一個角度來看，也可能是映照出內心難以傾訴的困擾與想法。

因此，當這些「身體訊息」發生的時候，你也不妨停下來好好思考、誠實面對自己，是不是內在情緒管理上，也有些失去平衡的地方。

生活抗敏總結：
認真面對但不是戰戰兢兢

在本章之中列舉了林林總總的過敏成因，相信很多人會開始擔心，這樣要怎麼過日子啊！好像什麼都不能吃、不能用了！

然而，就如我們一再強調，敏感肌的構成原因、產生的問題，以及過敏現象往往因人而異，其實，並不需要太過緊張惶恐，重點是希望透過本章的提醒，給予你一個對照的參考，讓你對於「抗敏感」這件事情的格局，能夠不是僅限在化妝台與臉部保養。

肌膚敏感雖然帶給我們很多困擾，卻也是一個認真守護我們的小尖兵，不時提醒我們該更加細心的照顧自己；同時，也要更深入的去尋找問題的根源，而不是只求表面狀況排除，這才是正確的「抗敏之道」。

玟蓉小語

還記得剛開始著手撰寫本書時，恰好有機會到學校進行肌膚保養的觀念分享，課堂上學員踴躍提出種種皮膚問題與困擾，都讓我深深的感受到，在這個資訊爆炸的當代，我們或許不缺情報來源，但是往往缺乏的是「正確」觀念的彙整。

因此，我所期待的是閱讀至此的你，除了能從中得到解答與收穫，真正能為你的肌膚問題帶來幫助與改善，若是有改善，也希望你能樂於將本書的訊息分享給身邊的朋友。

最後的篇章，為各位整理了本書的重點。期待你能夠常常複習，在關愛肌膚、改善問題的這一條路上，讓我們持續一起努力！

【第七章】獻給兩性讀者的敏感肌保養總結

一路分享了我自己的故事，以及三十年來歷經無數挫折、嘗試、實驗，整理再歸納的經驗與心得。在一份「過來人」的使命感驅動之下，完成此書，並分享給大家敏感肌解決之道。

從一個敏感肌的受害者，進而到配方研發者，這個猶如「逆襲致勝」的成果，真的不容易，也不是一朝一夕。因此，我也想告訴大家，可想而知「敏感肌」一定帶給你諸多的困擾，然而，抗敏感有很大的因素是來自於自身的免疫力，因此，你願意給予自己多少時間與努力，好好地做出調整與改變呢？

從自我檢視著手、從改變保養習慣著手、從飲食因素著手、從正確的清潔與防曬著手……

誠如我們前面所提到的，敏感肌的成因雖有概略方向，但是仍會因每個人先天體質或後天習慣的細節差異，有著不一樣的康復歷程。所以，希望你在排解敏感肌問題的路上，不要太求快、急於成效，因為，充滿變化的敏感肌，有時也和野草一樣，春風一吹又搖曳滋生了。

美國知名的醫生作家——麥斯威爾・馬爾茲（Maxwell Maltz）在其著作《心理控制術》（Psycho-Cybernetics；台灣譯為《改造生命的自我形象整容術》）提出了「二十一天習慣養成」的觀念，雖然，後續有不同學者提出了三十日、六十六日等進階實作版本，但不外乎都是鼓勵與主張：創造改變是需要時間做持續累進。

而我們健康的肌膚代謝週期，也正好在十四至二十八天左右。因此，給予自己日復一日的持續記錄與觀察，相信你會越來越能掌握問題，並且從中看到深刻、踏實的改變。

最後，附上敏感肌全對策的重點彙整，祝福所有的朋友都能從本書之後開啟正確的保養觀念，並且落實在日常生活中，得到最理想的肌膚狀況，享受更有自信、更快樂的人生。

獻給讀者的重點觀念彙整

- 規律生活、清淡飲食，保持腸道健康。

腸道不只是消化器官，也是人體最大的免疫器官，而宿便、便秘所產生的毒素會被運送至全身，破壞身體的免疫系統，進而引發過敏，因此，長久觀察下來；皮膚敏感、黑斑、痘痘等問題與宿便、便秘有著密不可分的相關聯性。

◆化繁為簡，不要過度保養。

觸肌膚的成分越複雜，越容易造成過敏成因；而且複雜的保養程序與手法，不僅是時間與金錢上的浪費，也容易使肌膚吸收不良，帶來反效果。

◆避免破壞皮脂膜，維持角質層正常代謝。

不管追求改善的心多急切，都別忘了截至目前世上沒有一勞永逸的美容方法，想要肌膚水嫩健康，就不要選擇

會破壞皮膚天然保護機制的美容方式，試想，已經有問題的肌膚再接觸這麼具有刺激性的「治療」，是在毀容還是美容？！

正確的方式清潔方式與選對清潔產品

這是保養肌膚最重要的第一步，很重要所以要說三次！建議選擇洗卸合一的慕斯型清潔產品，避免清潔時過度摩擦與拉扯肌膚，這是我長久實驗使用下來，對敏感肌摩擦最少的清潔卸妝方法，若是沒有化妝可以選擇低刺激性的手工皂，因為在清潔產品中，相對它是成分必較單純的，最好買敏弱肌膚專用，但是最好不要含有人工色素、人工香料、皂鹼等成分，我會買來之後，用試紙測試是否為弱酸性再使用。切記，不要使用水溫過熱、過冷、過度去油、成分刺激的清潔產品，洗後用毛巾輕輕壓乾，並要記得晾乾毛巾。

◆選對防曬產品

盡量選用「物理性防曬」產品，SPF30已經足夠勿追求高防曬係數，若是為了清爽使用物理與化學性混合的防曬產品，請留意「防滲入」問題，以免汗水過多或者接觸到海水、游泳池等其它水分時，化學成分被溶解、經皮膚吸收滲入體內，造成毒素殘留與肝腎代謝的負擔，記得出門至少三十分鐘前擦上防曬產品，需塗抹一定的量才能達到理想的防曬效果，若在戶外需二到三個小時補擦一次防曬產品。

◆提昇體內外的免疫力

健康的身體自然會帶來健康的肌膚，注重體內環保代謝，適度運動不可少，可提升身體免疫力；同時也要增加肌膚的免疫力。內外雙向強化免疫力，是看似簡單卻常常被我們忽略的功課，也是真正深入內在活化肌膚與健康表現的根本之道。

◆使用小分子、無香料、零刺激成分的精華液產品，成分越單純簡單越好。

◆紀錄並避開過敏原與食物，不要過度依賴藥物，破壞肌膚自癒能力。

《玟蓉微感言》

人生
需要多一些寬恕與諒解
愛就要愛得真切
抱就要抱得緊緊
時常製造歡樂
並且不斷微笑

不管生命是多麼無常
過程也並非那樣完美
只要我們活著
就要活得精彩
每一秒都是現場直播
今天的序幕已經開啟
打算如何過這一天呢？

【附錄】常見對肌膚有害的化學成分參考

有害成分中英對照	特性	常見產品	影響
Amylcinnamaldehyde α-戊基肉桂醛	茉莉香味人工香精	各類產品香精，如調配茉莉、鈴蘭、紫丁香等	具刺激性，容易造成眼睛刺激和皮膚過敏，具致癌性。
Artificial Colors 人工色素類	石化物質，來自石油，提供產品鮮豔色澤	石化物質，來自石油，提供產品鮮豔色澤	生育力下降、畸胎、基因突變、過動、腹瀉、過敏等，具致癌性。
Benzalkonium Chloride 氯化苯二甲烴銨	水溶液搖動時會起強烈泡沫，可當作清潔劑、活性劑、消毒劑等	應用於紡織、纖維、皮革、保養品、殺菌劑（濕紙巾、凝膠、隱形眼鏡保養液、香皂、皮膚消毒劑、殺精劑）	對皮膚、眼睛有較強的刺激性，產生過敏及毒性作用

Name	Description	Use	Effects
Benzoyl Peroxide 過氧化苯甲醯	具抗菌作用，可穿透皮膚毛囊，減少痤瘡桿菌，降低游離脂肪酸濃度，並減少粉刺	常見於青春痘治療產品	眼睛、皮膚和呼吸道刺激
Bisphenol-A（BPA）雙酚 - A	具有質輕、透明、耐熱及耐衝擊，聚碳酸酯塑膠的製造材料	硬質塑膠瓶、化妝品、指甲油	干擾性激素、與成人的第2型糖尿病及心臟疾病有關、影響生殖及發育
Butylated Hydroxytoluene（BHT） Butylated Hydroxyanisole（BHA） 丁基羥基茴香醚（BHA） 二丁基羥基甲苯（BHT）	石化物質，來自石油，作為抗氧化劑、防腐劑、保養品及食品的香味穩定劑	常用在油脂、速食麵、口香糖、乳酪、奶油、化妝品、保養品	干擾內分泌，BHA確定為致癌劑，BHT有些研究顯示具有致癌性

Butylphenyl Methlyproprional（Lilial）丁苯基甲基丙醛（鈴蘭醛）	有甜潤的百合香味，作為芳香添加之用途	常用作肥皂、洗滌劑的香料，還可用作花香型化妝品（身體保養、髮品、保濕霜）的香料	皮膚過敏、引起免疫毒性
Diethanolamine（DEA）Triethanolamine（TEA）Monoethanolamine（MEA）二乙醇胺 三乙醇胺 乙醇胺	乳化劑、酸鹼調節劑及起泡劑	洗髮精、肥皂、化妝品	對皮膚、眼睛有刺激性、接觸性皮膚炎，重複使用將大幅增加導致肝臟和腎臟癌的可能、會造成致癌亞硝胺副產物產生
EDTA（ethylenediaminetetraacetic）Tetrasodium EDTA Disodium EDTA 乙二胺四乙酸	可用染色助劑、纖維處理助劑、化妝品添加劑、血液抗凝劑、洗滌劑、穩定劑	用作多種洗滌劑、護膚品、燙髮護髮劑的添加劑	具釋放甲醛（致癌物）的潛在性，刺激皮膚、黏膜、引起過敏、穿皮吸收後會造成鈣缺乏症、

			血壓降低、腎臟問題、染色體異常等
Fragrances（synthetic） 合成香精	提供香氣，或遮蔽原料味	幾乎所有產品：如保養品、洗衣和清潔用品、蠟燭、空氣清新劑	含有上千種化學物質，易導致過敏和癌症
Hydroquinone 對苯二酚	穩定劑、抗氧化劑、美白劑、抗菌劑，抑制細菌和酵母菌生長	各種身體、皮膚和頭髮護理香產品	引起光敏感性及多種肌膚問題，有致癌性
Imidazolidinyl Diazolidinyl DMDM 尿素醛類	防腐劑，抑制微生物生長	長各種皮膚保養品	具釋放甲醛（致癌物）的潛在性，會刺激皮膚，長期使用有致癌之虞

Methylisothiazolinone Methylchloroisothiazolinone 甲基異噻唑啉酮 甲基氯異噻唑啉酮	防腐劑	用於各種身體、皮膚及頭髮類保養品、彩妝用品	皮膚刺激性和可能的神經毒素
Mineral Oil or Mineral Spirits 礦物油	石化物質，來自石油，保養品中很常用的油封保濕劑	廣泛使用於乳霜和乳液、潔顏乳、保濕產品、美髮產品和化妝品	造成毛孔阻塞，抑制細胞再生能力，並可能引起過敏反應
Octyl dimethyl PABA（padimate-0 or p-aminobenzoic acid）	紫外線吸收劑，主要作防曬用途	防曬用品、唇膏、潤唇膏、防護肌膚用品	易引起皮膚刺激及光敏感
對胺基安息香酸	紫外線吸收劑，主要作防曬用途	防曬用品、唇膏、潤唇膏、防護肌膚用品	易引起皮膚刺激及光敏感
Oxybenzone 羥基苯酮	紫外線吸收劑，主要作防曬用途	防曬用品	造成內分泌紊亂和細胞損傷

Parabens（methyl-, propyl-, butyl-, ethyl-, isobutyl-, isopropyl-, poly-, benzyl-, phenyl-, calcium-, potassium-, icodecyl-, sodium-） 對羥基苯甲酸酯	人工合成防腐劑	各種皮膚、頭髮、身體護理產品	結構類似雌激素，會干擾荷爾蒙，容易被皮膚吸收於體內累積，與多種癌症相關。
Petroleum Jelly or White Petrolatum 凡士林	從原油分餾過程中殘留下來的混合物，保濕作用	皮膚、頭髮和沐浴護理、彩妝品、刮鬍膏、防曬品、清潔用品	經常受到重金屬和致癌物質的汙染，若純化不全會造成肌膚傷害
Phenylenediamine（PPD） 對苯二胺	氧化染髮劑	各類染髮劑	與過氧化氫混和後會產生毒性，有發生過敏、長期使用可能有致癌之虞
Phthalates（tere-, naph-, iso-, soy protein-, dibutyl-） 鄰苯二甲酸酯	定香劑、塑化劑	指甲油、頭髮噴霧劑、香水	長期接觸會損害人體內分泌系統、乳房提早發育，有致癌疑慮

Polyacrylamide 聚丙烯醯胺	合成聚合物，作為水溶性增稠劑、抗靜電劑、膜成形劑	保濕劑、凝膠、乳霜	由致癌物質一丙烯醯胺聚合而成。
Polybutene Polyisobutene 聚丁烯 聚異丁烯	石化物質，來自石油，作為塑化劑、增稠劑	唇部及眼周產品、防曬用品	引起皮膚刺激
Polyethylene Glycol（PEG） 聚乙二醇家族（PEG 後方會加入破折號及數字）	增稠劑、潤滑劑、保濕劑	廣泛應用於食品、製藥、飼料、保養品、彩妝品、嬰兒用品、防曬用品	經常被致癌物質（如戴奧辛）汙染
Propylene Glycol（PG） Polypropylene Glycol（PPG） 丙二醇（PG）聚丙二醇（PPG）	非離子型表面活性劑、乳化劑、潤滑劑、塑化劑等	乳液、體香劑、防曬品、洗髮、護髮、沐浴用品	破壞蛋白質與細胞結構，造成皮膚傷害

Quaternium, Polyquaternium 季銨鹽、聚季銨鹽家族（後方會加入破折號及數字）	防腐劑	化妝品、保養品、頭髮護理	會釋放出甲醛，一種致癌物質
Siloxanes （cyclopenta-, cyclotetra-, hydroxypropyl poly-, dimethylpoly-） 矽氧烷類	使用於潤膚劑中以軟化肌膚	頭髮及皮膚保養品、潤膚品、體香劑、粉底	干擾內分泌，具皮膚和眼睛刺激性
Sodium Lauryl Sulfate（SLS） Sodium Laureth Sulfate（SLES） 十二烷基硫酸鈉	界面活性劑、起泡劑	各種健康及皮膚保養品	長期使用，其化學物質可以透過皮膚進入血管，對肌膚具有潛在的刺激性與致癌性
Talc/Talcum powder 滑石粉	乾滑性、超微細	彩妝品、嬰兒爽身粉、止汗抑臭之粉狀產品	引起呼吸道問題，可能含有石綿纖維
Triclos 三氯沙	人工合成抗菌劑、防腐劑	牙膏、保養品、家用清潔用品	內分泌干擾物質，長期使用可能導致癌症

Urea 尿素	很常見的合成防腐劑、保濕劑、緩衝劑	皮膚保養品	釋放甲醛，可能致癌

參考資料來源：http://www.mychelle.com/Breaking-Bad

“體驗來自東方美學的奧妙，讓生生不息的
自癒力，由內而外自然綻放”

我們相信萬物耶有自我修復的能力，讓身心靈回歸自然的
根本，才能迎接煥然一新的自己。堅持使用單純而有效的
成分，提升體內蘊藏的能量，讓健康與美麗永續。

Notes

【渠成文化】全球亞洲星 001

東方逆齡女王的敏感肌全對策

作　　者　玟蓉老師
圖書策劃　匠心文創
發 行 人　張文豪
出版總監　柯延婷
編審校對　蔡青容
封面協力　佰逸科技
內頁編排　邱惠儀
E-mail　cxwc0801@gmail.com
網　　址　https://www.facebook.com/CXWC0801
總 代 理　旭昇圖書有限公司
地　　址　新北市中和區中山路二段 352 號 2 樓
電　　話　02-2245-1480（代表號）
印　　製　鴻霖印刷傳媒股份有限公司
定　　價　新台幣 380 元
初版一刷　2018 年 3 月

ISBN 978-986-95798-2-7

國家圖書館出版品預行編目（CIP）資料

東方逆齡女王的敏感肌全對策 / 玟蓉老師著. --
初版. -- 臺北市：匠心文化創意行銷, 2018.03
　面；　公分 --（全球亞洲星；1）
ISBN 978-986-95798-2-7（平裝）

1.皮膚美容學

425.3　　107000567